AF311745

Extrait du *Bulletin de l'Association Française de Botanique*
(Août 1899 - Janvier 1900).

EXCURSIONS BATOLOGIQUES
DANS LES PYRÉNÉES

PAR

M. H. SUDRE

RUBUS DE L'ARIÈGE

Je n'ai point la prétention de donner la liste complète des
Rubus de ce département. Ce n'est pas dans l'espace de trois
à quatre semaines que l'on peut parcourir et explorer attentive-
ment un pays aussi riche et aussi accidenté que celui de l'A-
riège. Toutefois, comme j'ai eu soin de visiter trois régions assez
éloignées les unes des autres, mes récoltes peuvent donner une
idée générale de la flore batologique de ce pays. Ainsi qu'on le verra
plus loin, la plupart des grandes espèces du genre y sont représentées, mais le plus souvent par des formes tout à fait spéciales ;
ces formes ont donné naissance à une foule d'hybrides dont on
s'explique assez facilement l'origine sur place, mais dont on
chercherait bien vainement la description dans une Monogra-
phie de *Rubus*.

Le pays que j'ai visité en 1898 comprend : 1° toute la vallée
du Garbet et de ses affluents, l'Arse et le Fouillet ; les vallées
de l'Alet, en aval d'Ustou, et du Salat, entre Oust et Lataule ;
2° les environs de Foix ; 3° enfin les montagnes d'Ax avec les
vallées de Mérens, jusqu'à l'Hospitalet, de l'Oriège, jusqu'au-
dessus des forges d'Orlu, et de la Lauze jusqu'à Ascou.

Le *R. Idæus* L. étant commun partout dans les Pyrénées, je
crois inutile de citer les localités où je l'ai rencontré. Il ne
sera question, dans ces notes, que des *Rubus* du sous-genre
Eubatus Fock.

3

Sect. I. — Suberecti. P.-J. Mull.

a). Etamines plus courtes que les styles ; calice
étalé. . . . . *R. plicatus.*
b). Etamines dépassant les styles ; calice réfléchi
presque complètement. . . . . *R. nitidus.*

R. PLICATUS W. N., Rub. germ. 15. — Bænitz, Herb.
Eur. 8566. — R. *plicatus* subsp. *rosulentus* (P.-J. Mul.), var.
cordifolius N. Boul., Rub. gall. n° 54, non R. *rosulentus* Bænitz
Herb. Eur. 8572. —

Turion anguleux, à *faces planes*, glabre, à aiguillons forts,
déclinés ou falqués. Feuilles 5-nées, vertes sur les deux faces,
peu poilues en dessous, à dents médiocres, presque égales ; *pé-
tiolé canaliculé*, à aiguillons falqués ou subcrochus ; foliole terminale à pétiolule égalant la 1/2 ou les 2/5 de sa hauteur, *largement ovale, en cœur*, brièvement acuminée. les *inférieures
subsessiles*. Rameau glabrescent à aiguillons falqués ; feuilles
3-nées, à foliole terminale ovale ou obovale, presque entière.
Inflorescence *pauciflore*, *corymbiforme*, dépassant peu les
feuilles, très peu poilue, sans glandes, à aiguillons rares, falqués, à pédicelles grêles, dressés-étalés ; calice à lobes ovales,
pubescents, non aculéolés, *étalés* ; pétales rosés ; étamines blanches *égalant à peine* les styles verdâtres. Fertile et précoce ;
pollen pur aux 2/3.

Vallée d'Ascou : Ascou, à l'entrée du village, route d'Ax et sur
la rive gauche ; bords de la route de Sorgeat à Ignaux (1.020 m.)
(H. Marcailhou d'Ayméric.)

R. NITIDUS W. N. Rub. germ. 19. ; Fock. Syn. 123. —
Diffère du R. *plicatus* par le pétiole commun plan sur une
grande partie de sa longueur, les folioles inférieures des feuilles caulinaires distinctement pétiolulées, les étamines dépassant les styles, et le calice à peu près complètement réfléchi.

Une *forme* :

R. integribasis P. J. Muell, in Boul. Ronc. vosg. p. 23. —
Boul. et B. de Lesd., Rub. gall. 55. — Turion à *faces planes*, à
aiguillons droits, espacés. Feuilles d'un *vert foncé*, peu poilues
en dessous, à *dents fines*, régulières, les unes simples, les autres

composées, aiguës; pétiole à aiguillons *fortement falqués*; foliole terminale à pétiolule égalant la 1/2 de sa hauteur, suborbiculaire, *entière* ou un peu échancrée dans les pieds vigoureux, *peu acuminée* ou subcuspidée. Rameau obtusément anguleux, peu poilu, à *aiguillons falqués*; feuilles 3-5-nées, vertes en dessous, à foliole terminale ovale-rhomboïdale, entière, un peu acuminée. Inflorescence poilue, lâche, dépassant peu les feuilles, à pédoncules 1-2-flores, ascendants, à aiguillons falqués; fleurs rosées; étamines *dépassant* les styles verdâtres.

Ma plante est presque glabrescente, a le feuillage très ample et la foliole caulinaire terminale un peu échancrée, ce qui est sans doute dû à sa station ombragée.

Aulus, vallée du Fouillet, à la prise d'eau de la ville, rive gauche.

Subsp. **R. lætevirens** Nob. — Tige *un peu excavée, à aiguillons vigoureux*. Feuilles d'un *vert gai*, glabrescentes, pâles et un peu poilues en dessous, à *dents composées*, très aiguës; pétiole à aiguillons forts, *très crochus*; foliole caulinaire terminale à pétiolule égalant la 1/2 de sa hauteur, *suborbiculaire*, échancrée, *longuememt* et assez brusquement *acuminée*, les inférieures ovales, *distinctement pétiolulées*. Rameau obtusément anguleux, poilu, à aiguillons forts, très falqués, quelques-uns crochus; feuilles 3-5-nées, à quelques poils brillants en dessous; pétiole à *aiguillons très crochus*; foliole terminale ovale, un peu échancrée, acuminée. Inflorescence libre au-dessus des feuilles, *étroite. lâchement poilue*, à aiguillons *robustes, falqués*; pédoncules 1-2-flores, dressés-étalés; calice très pubescent, grisverdâtre, non aculéolé, à peu près complètement réfléchi; pétales *roses*; étamines blanches *dépassant* peu les styles verdâtres; jeunes carpelles glabres. Fertile; pollen mélangé. Floraison moins précoce que celle du *R. plicatus* W. N.

Vallée de l'Oriège, en amont des anciennes forges d'Orlu.

Diffère du *R. hamulosus* Lef. et M.; Boul. et B. de Lesd, Rub. Gall. n° 103, par ses turions subcanaliculés, à aiguillons très forts; ses feuilles plus fermes, d'un vert différent, à dents très composées; la foliole terminale suborbiculaire, très acu-minée; l'inflorescence subhérissée, plus allongée et plus étroite, etc...

Le *R. lætevirens* diffère peu du n° 8572 de l'*Herb. Europ.*
de M. Baenitz et portant le nom de *R. rosulentus* (Müll.). Ce
numéro, dont les fleurs portent de longues étamines et dont le
calice est réfléchi, paraît bien appartenir au gr. du *R. nitidus.*
Le *R. rosulentus* Müll. d'après M. Focke (Syn. Rub. p. 113) et
d'après M. Boulay (Rubi gall. n° 54) se rattache au *R. plicatus*
W. N.

β). *umbrosus.* — Plante élancée; turion à faces presque planes, à aiguillons espacés ; feuilles très grandes, à dents moins
aiguës et moins composées; foliole terminale ovale, échancrée,
insensiblement acuminée, les autres elliptiques; inflorescence
étroite, presque inerme, pétales d'un beau rose.

Ax, route de Mérens.

Cette var. n'est peut-être pas très éloignée du *R. appendicu-
latus* Tratt.; Gen. Mon. 348, mais elle a les folioles échan-
crées à la base, les dents profondes, l'inflorescence allongée, etc.

Sect. II. — Sylvatici P.-J. Mull.

Bien qu'il soit presque impossible d'établir des subdivisions
tranchées dans cette section, je crois qu'on peut ranger sans
difficulté la plupart des espèces dans l'un des 3 groupes suivants:

A. *Euvirescentes* Genev., Mon. p. 192.

Turion à glandes pédicellées nulles ou très rares, mais muni
souvent de glandes sessiles; stipules à glandes courtes et rares;
feuilles souvent amples, presque toujours vertes en dessous.
Inflorescence hérissée, à glandes nulles ou très rares; calice
presque toujours réfléchi.

Dans ce groupe rentrent, comme espèces principales, les
R. Questieri Lef. et M., *macrophyllus* W. N., *pyramidalis*
Kalt. etc.

B. *Discoloroides* Genev. l. c. 213.

Caractères du gr. A. mais feuilles, au moins les supérieures,
grises ou blanches-tomenteuses et poilues en dessous; calice
réfléchi. Appartiennent à ce groupe les *R. longicuspidatus*

Boul. et L., *rhamnifolius* W. N., *villicaulis* Kœhl, et plusieurs formes à feuilles nettement blanches-tomenteuses en dessous qui conduisent insensiblement aux *R. discolores* ou aux *R. vestiti*.

C. *Grati* Nob.

Turion souvent glabre; feuilles vertes ou grises en dessous; inflorescence presque toujours glanduleuse; calice étalé ou apprimé, très rarement réfléchi. Je place dans ce groupe les *R. gratus* Fock., *vulgaris* W. N., *Sprengelii* Weih. et plusieurs espèces de la série des *R. adenophori* Fock.

A. *Euvirescentes* Gen.

R. QUESTIERI Lef. et Mul. Vers. 47; — Genev. Mon. p. 199; — *R. fallax* Chab; *R. calvatus* Bor., Fl. cent. t. II. p. 199 non Blox.; *R. acuminatus* Genev. Mém. Soc. ac. M.-et-L. non Sm. — Exsic.: Boul. et B. de Lesd. Rub. Gal. n°s 10, 11, 12. — Baenitz, Herb. Eur. n° 9977.! —

Turion anguleux, à *faces planes*, *glabrescent*, non glanduleux, à aiguillons forts, droits ou déclinés. Feuilles 5-nées, *vertes et glabrescentes* sur *les deux faces*, à dents médiocres, inégales; pétiole glabrescent à aiguillons falqués; foliole terminale à pétiolule égalant le 1/3 de sa hauteur, ovale, entière ou un peu échancrée, *longuement acuminée*, les inférieures pétiolulées. Rameau anguleux, peu poilu, non glanduleux, à aiguillons déclinés ou falqués; feuilles la plupart 3-nées, semblables aux caulinaires. Inflorescence allongée, *étroite, souvent feuillée jusqu'au sommet*, à feuilles supérieures *dépassant souvent les fleurs*, tomenteuse, *brièvement hérissée, à glandes rares*, à aiguillons déclinés ou falqués; calice tomenteux, poilu, à lobes rarement aculéolés, réfléchis; pétales *roses*, souvent échancrés ; étamines blanches ou un peu rosées, dépassant les *styles rougeâtres* au moins à la base; jeunes carpelles à poils rares. Pollen mélangé à divers degrés.

Ustou, en aval de Trein; Foix, route de Saint-Girons, route de Saint-Pierre, etc.

β. *acutifolius*. — Turion obtusément anguleux, un peu glauque, à aiguillons subconiques; foliole terminale largement ovale, ordinairement entière, aiguë ; dents peu profondes; feuilles caul. en partie 3-nées.

Foix, route de Saint-Pierre.

Une *forme* :

R. adjectus Nob. — Robuste ; *turion glauque*, glabrescent, à aiguillons droits ; feuilles d'un vert foncé, à dents *très aiguës* et très inégales; foliole terminale *orbiculaire*, un peu échancrée, *cuspidée*, à pétiolule égalant le 1/3 de sa hauteur. Rameau *très poilu*, à feuilles supérieures *grises et poilues en dessous*, à folioles ovales, entières, brusquement acuminées. Inflorescence *dense*, *fortement hérissée*, non glanduleuse, à pédicelles épais, courts, presque étalés ; calice hérissé, non aculéolé; *étamines roses* dépassant les styles rouges; jeunes carpelles glabres. Pollen pur aux 7/8.

Vallée du Garbet, à 3 kil. en amont d'Oust.

Subsp. R. **elongatispinus** Nob. — Robuste; turion anguleux, à faces planes ou un peu excavées, *brièvement poilu*, à nombreuses glandes sessiles, à aiguillons vigoureux, un peu comprimés, inégaux, *rapprochés, droits* ; feuilles d'un vert terne, coriaces, glabrescentes en dessus, plus pâles et peu poilues en dessous, à dents fines, aiguës, inégales; stipules à quelques glandes courtes; pétiole à aiguillons déclinés ou falqués ; foliole terminale à pétiolule égalant la 1/2 de sa hauteur, très largement ovale ou suborbiculaire, entière ou peu échancrée, brièvement acuminée ou subcuspidée ; les autres ovales, les inférieures distinctement pétiolulées. Rameau obtusément anguleux, poilu, non glanduleux, à *aiguillons longs, déclinés* ; feuilles 3-nées, à foliole terminale ovale, entière, acuminée. Inflorescence *grande, très allongée, cylindrique, lâche*, interrompue et feuillée à la base, tomenteuse, lâchement poilue, à glandes nulles ou rares, à aiguillons longs, espacés, droits ou déclinés ; pédoncules moyens 3-flores, très étalés ; calice tomenteux, peu poilu, parfois aculéolé, réfléchi ; *pétales roses*, étroitement ovales, entiers, un peu aigus ; *étamines roses* dépassant longuement les *styles rouges* au moins à la base; jeunes carpelles un peu poilus. — Fertile ; pollen ordinairement peu mélangé.

Vallée du Garbet, à 3 kil. en amont d'Oust; à Aulus, en amont du village et en montant au col de Latrape; Ax, route de Mérens, à 2 kil. de la ville.

Dans la plante d'Ax, le pollen est pur aux 7/8 environ, tandis que dans celle d'Aulus les 2/5 des grains sont déformés ; toutefois les deux plantes me paraissent bien appartenir à la même espèce.

Ce Rubus, bien différent du *R. Questieri* par ses turions poilus, ses larges folioles et sa longue inflorescence, rappelle le *R. fagicola* de Martr-Don., dont il diffère par ses aiguillons caulinaires droits, ceux des pétioles simplement falqués et non crochus, ses folioles non cordiformes, son inflorescence moins hérissée, bien plus étroite et plus allongée, à pédoncules très étalés, ses fleurs plus vivement colorées, à styles rouges.

× **R. DECLINATUS** Nob.— R. *elongatispinus* × *ulmifolius*. — Turion subarrondi, poilu, à aiguillons droits, à rares glandes courtes; feuilles d'un *vert terne* en dessus, *blanches-tomenteuses* en dessous, à *dents fines*, inégales; pétiole à aiguillons falqués; foliole terminale à pétiolule égalant la 1/2 de sa hauteur, *très largement ovale, suborbiculaire*, à peine échancrée, aiguë. Rameau poilu, à aiguillons déclinés, à feuilles 3-5-nées. Inflorescence longue, feuillée à la base, occupant une grande partie du rameau, tomenteuse, peu poilue, non glanduleuse, à aiguillons faibles, droits ou déclinés, à pédoncules étalés ; calice tomenteux, peu poilu, réfléchi ; pétales roses; filets blancs, *bien plus courts* que les styles rouges ; jeunes carpelles poilus. Paraît stérile. Anthères dépourvues de pollen.

Rappelle le R. *elongatispinus* par la forme de ses folioles, ses aiguillons droits, sa très longue inflorescence, mais a le tomentum blanc des R. *discolores* et le calice simplement tomenteux, ce qui me fait croire à l'influence du R. *ulmifolius*.

Vallée du Garbet, en amont d'Aulus.

R. opertus Nob.— Turion anguleux, à *faces planes ou convexes, lâchement poilu*, sans glandes, à aiguillons comprimés, un peu inégaux, droits ou déclinés ; feuilles d'un *vert pâle et terne*, glabrescentes en dessus, *vertes et très peu poilues en dessous*, à dents médiocres, aiguës, inégales ; stipules étroites, non glandu-

leuses ; pétiole à aiguillons déclinés ou falqués ; foliole terminale à pétiolule égalant la 1/2 de sa hauteur, *largement ovale ou
suborbiculaire*, entière ou échancrée, *brusquement acuminée*, les
inférieures pétiolulées. Rameau arrondi, poilu, à aiguillons un
peu falqués; feuilles 3-nées, vertes en dessous, à foliole terminale
ovale, peu acuminée. Inflorescence *petite, dense, oblongue*, un
peu interrompue et feuillée à la base, *fortement hérissée, sans
glandes, à aiguillons faibles*, à pédoncules moyens 1-2-flores,
épais, étalés, courts ; calice tomenteux, hérissé, non glanduleux, souvent aculéolé, à lobes étroits, appendiculés, réfléchis ;
pétales rosés, *étroitement ovales*, entiers, *longuement rétrécis* à
la base ; étamines·blanches ou rosées dépassant longuement les
styles verdâtres ; jeunes *carpelles glabres*. Fertile. La 1/2 des
grains de pollen sont normaux. Aulus, bords du Garbet, près
de Labouche, aux bords du Fouillet, etc.

Paraît se rattacher au *R. sylvaticus* W. N., dont il diffère par
ses folioles caulinaires plus larges, son inflorescence dense,
souvent presque simple, non feuillée si ce n'est un peu vers la
base, ses axes plus fortement hérissés et munis d'aiguillons plus
forts, ses carpelles glabres, etc... Il rappelle un peu le R.
carpinifolius W . mais a le calice réfléchi.

✕ **R. AULUSENSIS** Nob. — R. *opertus* ✕ *clathrophilus*. —
Robuste ; turion anguleux, à faces planes, *à poils épars*, à
glandes sessiles, à aiguillons forts, un peu inégaux, déclinés.
Feuilles *grandes, minces, d'un vert sombre*, peu poilues sur les
deux faces, *vertes en dessous*, à dents médiocres, peu profondes ;
pétiole poilu, à aiguillons falqués ; foliole terminale *très largement ovale ou suborbiculaire*, un peu échancrée, cuspidée, un
peu acuminée, les inférieures distinctement pétiolulées. Rameau
anguleux, très poilu, à aiguillons déclinés ou falqués ; feuilles
3-nées, quelques-unes 5-nées, *amples*, vertes en dessous, à foliole
terminale très largement ovale, un peu échancrée, ordinairement cuspidée. Inflorescence *occupant une grande partie
du rameau, munie de feuilles jusqu'au sommet*, très hérissée,
sans glandes, à aiguillons déclinés ou falqués, à *pédoncules ou
ramuscules ascendants*, multiflores, dépassés par les feuilles ;
calice poilu, à lobes non aculéolés, appendiculés, réfléchis ou

quelques-uns un peu étalés ; pétales d'un *beau rose, largement ovales*, à onglet court ; *étamines roses.* égalant ou dépassant peu les styles verdâtres, à base parfois rosée ; jeunes carpelles glabres. Pollen fortement mélangé, à grains normaux très rares ; fructification partielle.

Aulus, chemin de Saleix ; col de Latrape, le long du ruisseau qui descend vers Ustou.

R. MACROPHYLLUS W. N.— Rub. germ. 35 ; Fock. Syn. 215. Une *forme* :

R. fuxeensis Nob.—Turion *obtusément anguleux* ou arrondi, *très poilu*, sans glandes, à aiguillons *faibles*, déclinés. Feuilles *grandes, d'un vert sombre, minces, peu poilues* sur les deux faces, *vertes en dessous,* à dents médiocres, peu profondes ; stipules linéaires, non glanduleuses ; pétiole très poilu, à aiguillons falqués ; foliole terminale à pétiolule égalant la 1/2 de sa hauteur, *très largement ovale, entière ou à peine échancrée, brusquement acuminée,* les autres très rétrécies à la base, les inférieures nettement pétiolulées. Rameau obtusément anguleux, très poilu, à aiguillons espacés, faibles, déclinés ; feuilles 3-nées, les supérieures presque grises en dessous, à foliole terminale ovale, *entière, brusquement* et *très longuement acuminée.* Inflorescence lâche, peu feuillée, fortement hérissée, sans glandes, à aiguillons rares, faibles, déclinés ; pédoncules moyens 1-3-flores, dressésétalés ; calice tomenteux, hérissé, non aculéolé, réfléchi ; pétales blancs ou rosulés, ovales ; filets blancs, dépassant les styles verdâtres ; jeunes carpelles glabres.

Pollen mélangé ; la 1/2 des grains sont normaux.

Foix, vallée de l'Arget, route de Saint-Pierre, terrain granitique.

Diffère de la forme typique par ses folioles moins allongées, ordinairement entières, brusquement acuminées, celles des feuilles raméales longuement acuminées comme dans le R. *longicuspidatus* Boul. et L., son inflorescence longuement libre au-dessus des feuilles, etc.

Subsp. **piletostachys** G.G. — Fl. fr. I. p. 548.

Une *forme* :

R. refulgens Nob. — Robuste ; turion anguleux, à faces

planes, peu poilu, à aiguillons forts, comprimés, déclinés ou falqués ; feuilles épaisses, très mollement poilues en dessous, les supérieures blanches-tomenteuses, à dents très inégales ; pétiole à aiguillons géniculés ou crochus ; foliole terminale à pétiolule égalant la 1/2 de sa hauteur, suborbiculaire, échancrée, longuement cuspidée, les autres largement ovales. Rameau anguleux, hérissé, à aiguillons forts, à glandes rares ; feuilles 3-nées, très mollement poilues en dessous, à foliole terminale largement ovale, presque entière, peu acuminée, les supérieures souvent grises en dessous. Inflorescence grande, ovale, interrompue et feuillée à la base, très fortement hérissée, glanduleuse au moins sur les bractées, à aiguillons médiocres, à pédoncules multiflores. très étalés ; calice hérissé, un peu aculéolé, réfléchi ; pétales rosés, ovales ; filets rosés dépassant les styles verdâtres ; jeunes carpelles glabrescents. Pollen pur aux 4/5.

Vallée d'Orgeix, en amont des anciennes forges d'Orlu.

Remarquable par ses turions peu poilus, ses folioles épaisses, courtes et larges, très poilues-feutrées en dessous, grises au sommet des tiges. Je la place dans les R. *Euvirescentes* à cause de ses affinités avec le R. *piletostachys* dont elle me parait constituer une forme locale bien caractérisée.

B. Discoloroides Gen.

R. LONGICUSPIDATUS Boul et Luc., Assoc. rub.—Turion anguleux, à faces planes, peu poilu, sans glandes, à aiguillons droits. Feuilles 5-nées, d'un vert sombre en dessus, pâles et courtement poilues en dessous, grossièrement dentées; pétiole à aiguillons falqués ou crochus; foliole terminale à pétiolule égalant le 1/3 ou le 1/4 de sa hauteur, elliptique, entière, insensiblement acuminée. Rameau très poilu, à aiguillons un peu falqués ; feuilles 3-5-nées, les supérieures grises-tomenteuses en dessous; foliole terminale entière, acuminée. Inflorescence allongée, interrompue et feuillée à la base, hérissée, à glandes nulles ou très rares, à aiguillons forts; pédoncules moyens peu étalés; calice tomenteux, poilu, souvent aculéolé, réfléchi; fleurs blanches ou faiblement rosulées ; étamines dépassant les styles verdâtres. Foix, vallée de l'Arget.

Diffère du R. *macrophyllus* par ses folioles plus étroites, plus brièvement pétiolulées, les supérieures grises en dessous ; par son inflorescence plus allongée et plus étroite, à aiguillons plus robustes ; du R. *villicaulis* par ses aiguillons plus espacés et moins vigoureux et surtout par la forme de son inflorescence.

× **R. RHOMBIFOLIATUS** Nob. — R. *longicuspidatus* × *Lloydianus*.

Diffère du précédent par ses turions plus poilus, ses folioles rhomboïdales, d'un vert pâle, à dents plus larges et moins aiguës, toutes grises-tomenteuses en dessous, celles du sommet des rameaux ordinairement très blanches et à bords recourbés. L'inflorescence est allongée, hérissée, très multiflore, à aiguillons jaunâtres ; les fleurs sont blanches ; la plante fructifie mal et son pollen est très imparfait.

Foix, route de St-Girons.

R. VILLICAULIS Koehl., in W. N., Rub. germ. 43. — Fock. Syn. 266. — Boul. et B. de Lesd., Rub. gall. n° 65.

Turion robuste, anguleux, à faces convexes à la base, planes ou un peu excavées au sommet, *poilu*, sans glandes, à *aiguillons très forts, comprimés*, presque *droits*. Feuilles 5-nées, fermes, d'un vert gai, *mollement pubescentes* et la plupart vertes en dessous, à dents médiocres, inégales ; pétiole à *aiguillons vigoureux*, falqués ou crochus ; foliole terminale ovale ou elliptique, un peu échancrée, peu acuminée, à pétiolule égalant presque la 1/2 de sa hauteur, les inférieures pétiolulées. Rameau poilu, à aiguillons forts, falqués ; feuilles 3-nées, les supérieures ordinairement grises en dessous. Inflorescence *courte, subcorymbiforme*, interrompue à la base, *arrondie au sommet*, hérissée, à *quelques glandes rares*, à *aiguillons forts, nombreux*, déclinés ou falqués ; calice hérissé, un peu glanduleux et *aculéolé*, réfléchi ; pétales ovales, rosés ; étamines blanches dépassant les styles verdâtres ; jeunes *carpelles glabres*. Pollen mélangé.

AC. Aux environs d'Aulus, vallée du Garbet, vallée de l'Arse, etc.

β) *purpureus*. — Foliole caulinaire terminale un peu obovale,

aiguë; inflorescence plus allongée; pétales roses; étamines rouges égalant les styles verdâtres.

Vallée du Garbet, en aval d'Aulus.

Subsp. 1. — **R. lasiocaulon** Nob. — Turion à faces planes ou
convexes, *glaucescent, fortement hérissé*, à glandes sessiles, à aiguillons forts, un peu inégaux, déclinés ou falqués;
feuilles fermes, glabrescentes en dessus, *grises ou presque
blanches et très mollement poilues* en dessous, à dents aiguës,
inégales; pétiole hérissé, à aiguillons la *plupart crochus;*
foliole terminale à pétiolule égalant le 1/3 de sa hauteur, ovale,
entière ou à peine échancrée, brusquement acuminée. Rameau
anguleux, fortement hérissé, à aiguillons falqués ; feuilles
3-5-nées à foliole terminale étroitement ovale, entière, acuminée.
Inflorescence allongée, interrompue et feuillée dans sa moitié
inférieure, *très hérissée, sans glandes,* à aiguillons nombreux,
falqués et robustes ; pédoncules moyens 1-3-flores, dressés-
étalés ; calice hérissé, un peu aculéolé, réfléchi ; pétales blancs,
obovales, longuement rétrécis à la base ; filets blancs dépassant
les styles verdâtres: jeunes carpelles glabres. Fertile; pollen peu
mélangé.

Aulus, vallée de l'Arse ; vallée du Garbet, en amont d'Oust ;
vallée de l'Alet, à Trein, Bielle, Saint-Lizier-d'Ustou, etc., où
elle est commune.

β)*obtusicaulis.*—Turion subarrondi; aiguillons très vigoureux,
rapprochés, plus courbés ; inflorescence lâche; pétales rosés ;
quelques glandes sur les pédicelles et les bractées. Pollen presque pur.

Vallée de l'Ariège, un peu en aval de Mérens.

Diffère du *R. villicaulis* par ses turions bien plus poilus,
glaucescents, ses feuilles blanchâtres en dessous, son inflorescence non arrondie au sommet, etc. La var. β ressemble beaucoup au R. *lasioclados* Fock, mais a les feuilles, les axes et les
pédicelles bien plus fortement hérissés, la foliole caulinaire terminale échancrée, les carpelles glabres, etc.

✕ **R. VESTICAULIS** Nob. — R. *lasiocaulon* ✕ *timendus?*

Turion anguleux, à faces planes ou un peu excavées, très
poilu-hérissé, à glandes nulles ou très rares, à aiguillons nom-

breux, droits, presque égaux. Feuilles 3-4 ou 5-nées, coriaces, presque glabres en dessus, blanches et mollement poilues-hérissées en dessous, à dents fines, inégales ; pétiole à aiguillons falqués ; foliole terminale à pétiolule égalant la 1/2 ou le 1/3 de sa hauteur, largement ovale ou suborbiculaire, échancrée, aiguë ou peu acuminée, les autres brièvement pétiolulées. Rameau anguleux, poilu-hérissé, un peu glanduleux, à quelques acicules pâles, à aiguillons déclinés ou un peu falqués ; feuilles 3-nées, semblables aux caulinaires, les supérieures blanches en dessous. Inflorescence occupant une grande partie du rameau, feuillée souvent jusqu'au sommet, très hérissée, à glandes rares, à aiguillons grêles, jaunâtres, à pédoncules multiflores, peu étalés ; calice blanc, hérissé, à glandes rares, un peu aculéolé, à lobes appendiculés, réfléchis ; pétales roses, ovales, brusquement rétrécis en onglet ; étamines roses, dépassant les styles verdâtres ou à base rosée ; jeunes carpelles glabrescents. Très peu fertile.

Saint-Lizier-d'Ustou, bords de la route de Bielle.

Cette plante a les caractères généraux du R. *vestitus* W. N., mais ses anthères sont presque complètement dépourvues de pollen et son origine hybride ne me paraît pas douteuse. Il est probable qu'elle provient du R. *lasiocaulon*, commun dans le voisinage, fécondé par quelque forme glanduleuses et à fleurs roses, sans doute le R. *timendus* Nob., assez abondant dans cette localité.

Une *forme* :

R. flavescens Nob. — Herb. du Tarn (1896).

Plus grêle. Turion pâle, à aiguillons jaunâtres, *faibles, courts, inégaux* ; feuilles minces, flasques, les inférieures presque vertes en dessous ; foliole terminale à pétiolule égalant le 1/3 ou le 1/4 de sa hauteur, étroitement ovale, entière, un peu échancrée, insensiblement acuminée ; feuilles raméales presque toutes 5-nées, à folioles très acuminées. Inflorescence petite, pauciflore, dépassant peu les feuilles.

Vallée de l'Alet, à un kil. en aval de Trein.

Cette forme grêle serait peut-être mieux placée dans le groupe du R. *hypoleucus* Lef. et M., mais elle est complètement dépourvue de glandes et paraît se rattacher directement à la précédente,

avec laquelle elle croît. Certains buissons de R. *lasiocaulon*
rappellent le R. *vestitus* W. N. par leurs folioles larges, coriaces, très hérissées de poils brillants; mais l'absence à peu près
complète de glandes et surtout la forme des pétales permettent
de distinguer sûrement les deux espèces.

Subsp. 2. — **R. consobrinus** Nob. — Herbier du Tarn
(1896).

Turion anguleux, à faces planes ou un peu excavées, *glabrescent*, non glanduleux, à aiguillons vigoureux, droits ou déclinés;
feuilles 5-nées, presque glabres en dessus, grises ou blanchâtres et *très mollement poilues* en dessous, à dents grosses, aiguës,
inégales; pétiole glabrescent à aiguillons falqués ou géniculés ;
foliole terminale à pétiolule égalant le 1/3 ou presque la 1/2 de
sa hauteur, *très largement ovale* ou *suborbiculaire*, un peu
échancrée, *brusquement acuminée* ou subcuspidée, les autres
amples, se *recouvrant* presque par les bords. Rameau anguleux,
poilu, à aiguillons déclinés ou falqués; feuilles 3-nées, les supérieures blanches-tomenteuses et hérissées en dessous, à foliole
terminale ovale, acuminée. Inflorescence ovale, *lâche*, peu
feuillée à la base, hérissée, à aiguillons longs, déclinés, sans
glandes, à pédoncules moyens 2-3-flores, *ascendants* ; calice hérissé, souvent aculéolé, réfléchi; pétales blancs ou rosulés, ovales ; filets blancs dépassant les styles verdâtres; jeunes carpelles
glabres. Pollen pur aux 2/3.

Vallée de l'Arget, près Foix ; Ax, route d'Ascou.

(Assez commun dans la région montagneuse et granitique du
Tarn.)

Plante bien distincte des deux précédentes par ses turions
presque glabres, ses larges folioles, ses pédicelles ascendants,
etc.

C. *Grati* Nob.

R. VULGARIS W. N., Rub. Germ. 38 ; Fock, Syn. p. 138.
— *Subsp.* R. **clathrophilus** Genev., Mon. p. 229 (pr. sp.).

Turion *anguleux*, à faces planes, *glabre*, sans glandes, à aiguillons *un peu inégaux*, droits, déclinés ou un peu falqués. Feuilles
5-nées, d'un *vert foncé* et *presque glabres* en dessus, *grises* et
pubescentes en dessous, à dents peu profondes, la plupart sim-

·ples ; pétiole glabrescent à aiguillons très falqués ou crochus ; foliole terminale à pétiolule égalant presque la 1/2 de sa hauteur, *obovale, entière, longuement cuspidée*, les inférieures pétiolulées. Rameau anguleux, poilu, sans glandes, à aiguillons *courts*, falqués ; feuilles 3-5-nées, ordinairement grises en dessous, à foliole terminale obovale ou ovale-rhomboïdale, cuspidée ou acuminée ; dents des feuilles supérieures souvent grosses et profondes. Inflorescence allongée, *lâche*, feuillée et interrompue à la base, *souvent simple*, courtement hérissée, *sans glandes*, à *aiguillons rares et faibles* ; pédoncules *presque tous* 1-2-*flores*, *ascendants* ; calice gris-verdâtre, poilu, non aculéolé, *étalé* ; pétales *roses*, ovales, à onglet court ; étamines blanches dépassant les styles verdâtres ; jeunes carpelles poilus ; floraison précoce.

Terrains granitiques : Ax, chemin du bois de Las Planes, à la 1re fontaine ; vallée de l'Oriège, en amont d'Orlu.

β. *rubristylus*. — Etamines rouges dépassant les styles rouges. Aulus, chemin de Saleix.

γ. *latifolius*. — Caractères de la var β. mais foliole caulinaire terminale largement ovale et échancrée. Vallée du Garbet, entre Oust et La Rivière.

Je n'ai point vu les fleurs de la plante d'Ax, qui se rapporte peut-être à la var. β.

Ces différentes formes paraissent bien fructifier, sauf celle d'Orlu dont la fructification est partielle. Le pollen de la var β., d'Aulus, a la 1/2 environ des grains de forme normale. La description de Genevier convient entièrement à ce *Rubus* (à part la couleur des étamines et des styles), et bien que la plante rappelle le R. *rusticanus* par la forme de ses folioles, je ne la crois pas d'origine hybride.

✕ **R. DEDUCTIVUS** Nob.—R. *clathrophilus v. latifolius✕villicaulis*.

Principaux caractères du R. *clathrophilus*, mais turion à quelques poils épars ; feuilles vertes en dessous ; foliole terminale à pétiolule égalant le 1/3 de sa hauteur, ovale, échancrée, cuspidée. Inflorescence à aiguillons forts et nombreux, à pédoncules ascendants mais multiflores ; calice un peu aculéolé, presque complètement réfléchi ; pétales blancs ; étamines blanches dépassant les styles verdâtres ; jeunes carpelles glabres. — Fructification partielle. Vallée du Garbet, entre Oust et La Rivière.

R. **tenuatus** Nob. — *Grêle ; turion obtusément anguleux* ou subarrondi, glabre ou à poils rares, à aiguillons inégaux, comprimés, droits ou déclinés, à glandes nulles. Feuilles 3-nées, d'un vert sombre et glabrescentes en dessus, vertes et peu poilues en dessous, à dents médiocres, la plupart simples ; pétiole peu poilu, à glandes très rares, à aiguillons falqués ou géniculés ; foliole terminale à pétiolule égalant le 1/3 de sa hauteur, ovale, à peine échancrée, acuminée ; rameau obtusément anguleux, peu poilu, un peu glanduleux, à aiguillons inégaux, déclinés ou falqués ; feuilles 3-nées, vertes et poilues en dessous, à foliole terminale ovale-rhomboïdale, aiguë ou un peu acuminée. Inflorescence presque nue, tomenteuse, peu poilue, à glandes rares, à aiguillons longs, déclinés, à pédoncules grêles, courts, 1-2-flores, dressés-étalés ; calice gris-verdâtre, poilu, un peu glanduleux et aculéolé, *étalé* ou *imparfaitement réfléchi ; pétales roses ; étamines blanches*, devenant rouges, dépassant les *styles rouges*; jeunes carpelles glabres. Fertile. Vallée de l'Alet, en aval de Trein.

Bien différente du R. *Sprengelii* W. N. par ses *turions glabres*, ses étamines longues, ses carpelles glabres, etc. Elle croit dans le voisinage du R. *Questieri* dont elle diffère par ses turions presque arrondis, ses feuilles 3-nées, son inflorescence non feuillée, etc...

(Août-décembre 1899).

SECTION III. **Discolores** P.-J. MULL.

⊙ TURION GLAUQUE.

R. ULMIFOLIUS Schott. — Commun partout. Je ne mentionnerai que les formes suivantes :

R. rusticanus Merc. — C. C'est la forme dominante.

R. rusticus Sudre, Rub. de Caut. p. 79 — Rochers de la rive droite de l'Ariège, près du pont de Runac ; Arnet, au-dessous de Sorgeat, (H. Marcailhou-d'Ayméric), etc.

β. *aduncus* Nob. — Aiguillons de l'inflorescence vivement crochus. Ax, route du fort de Pointe-Couronne. (H. Marcailhou-d'Ayméric).

R. striatus Boul. et Tuezk., Ass. rub. — Boul. et B. de Lesd., Rub. gall. n° 67 ! — Turion *glabre* ; aiguillons vigoureux, droits ; pétiole à aiguillons crochus ; feuilles d'un *vert gai*, à dents *très inégales* ; foliole terminale *étroitement ovale*, peu échancrée, *acuminée*, à pétiolule égalant le 1/3 ou le 1/4 de sa hauteur, les autres *très courtement pétiolulées* ; rameau très peu poilu ; inflorescence simplement tomenteuse ; pétales *faiblement rosés* ; étamines blanches égalant les styles verts ou rougeâtres. — Pollen pur. Vallée de l'Oriège, en aval d'Orlu.

R. subdolus Sudre, Bull. Ass. pyr. n° 178 (1896-97).—Turion très poilu ; feuilles minces, d'un vert sombre, un peu poilues en dessous, à dents fines, aiguës ; folioles étroites , insensiblement acuminées, la terminale étroitement ovale, à peine échancrée, à pétiolule égalant le 1/3 ou le 1/4 de sa hauteur. Rameau très poilu, à aiguillons falqués ou géniculés, à feuilles en partie 5-nées. Inflorescence souvent diffuse, allongée, poilue, ordinairement presque inerme, à pédoncules grêles, pauciflores ; pétales roses ; étamines blanches égalant les styles à base souvent rosée ; carpelles poilus.

Plante fertile et à pollen pur ! Accidentellement stérile en 1896, ce qui m'avait fait supposer qu'elle était hybride des *R. ulmifolius* Schot. et *thyrsoideus* Wimm.

Ax, bords des chemins, à En-Castel (H. Marcailhou-d'Ayméric.)

R. garbetinus Nob. — Turion à faces planes, *très poilu* ; aiguillons droits ; pétiole à aiguillons falqués ; feuilles d'un *vert* *sombre en dessus*, à dents grosses, inégales, à tomentum ras ; foliole terminale ovale, à peine échancrée, un peu acuminée ; les inférieures distinctement pétiolulées ; rameau *très poilu*, à aiguillons presque droits ; inflorescence *allongée, lâche, très fortement hérissée*, à pédoncules multiflores, *très étalés* ; *calice hérissé* ; pétales *blancs*, largement ovales ; filets blancs égalant les styles verdâtres ; jeunes carpelles poilus. Pollen pur.

Vallée du Garbet, entre Ercé et Aulus.

Les turions très pruineux et la couleur vert sombre des feuilles font ranger cette plante dans le gr. du *R. ulmifolius*. Elle est nettement caractérisée par son inflorescence fortement hérissée, comme celle du *R. vestitus*. W. N.

× **R. GALISSIERI** Nob. — *R. ulmifolius* × *Questieri*. — Turion anguleux, sans glandes, *glabre*, un peu *glauque*, à aiguillons un peu inégaux, droits ; feuilles 5-nées, d'un *vert foncé* en dessus, glabrescentes et *vertes en dessous* ou les supérieures un peu grises, à dents aiguës, très inégales ; pétiole à aiguillons courts, crochus ; foliole terminale à pétiolule égalant la 1/2 de sa hauteur, *obovale, entière, brusquement acuminée*. Rameau obtusément anguleux, glabrescent, à aiguillons falqués ; feuilles 3-nées, les supérieures pâles ou blanches-tomenteuses en dessous. Inflorescence presque nue, *très multiflore*, divariquée, *tomenteuse*, peu poilue, à *quelques glandes pédicellées* ; calice tomenteux, peu poilu, un peu aculéolé, réfléchi ; pétales roses ; étamines roses égalant à peine les styles verdâtres ; jeunes carpelles poilus. Quelques rares drupéoles arrivent à maturité. Plateau granitique de Cadirac, près Foix ; haies.

Cette plante a le port du *R. ulmifolius*, qu'elle rappelle par la forme de ses folioles, son inflorescence tomenteuse et ses étamines courtes ; mais elle est presque complètement virescente et un peu glanduleuse comme le *R. Questieri*. Je la dédie à mon regretté collègue et ami Galissier, qui, on se le rappelle, mourut victime de son grand amour pour la botanique en voulant, le 6 août 1890, récolter le *Gentiana Burseri* Lap. sur des rochers inaccessibles de la haute vallée du Vicdessos.

× **R. ADULTERATUS** Nob. — *R. ulmifolius* × *elongatispinus*. — Diffère du *R. Galissieri* par ses turions à aiguillons un peu falqués, ses feuilles d'un *vert terne*, son inflorescence *très allongée*, *étroite*, poilue, à aiguillons falqués ou crochus, ses calices hérissés, aculéolés, *ses styles rouges* et ses carpelles presque glabres.

Vallée du Garbet, en aval d'Ercé.

Je crois devoir assigner au *R. ulmifolius* le rôle de porte-ovule parce que cette espèce croît pêle-mêle avec l'hybride, tandis que le *R. elongatispinus* en est distant de quelques kilomètres.

✕ **R. CONSORANENSIS** Nob. — *R. ulmifolius* ✕ *Winteri*. — Turion glauque, peu poilu, à aiguillons forts, droits; pétiole à aiguillons forts, falqués ou crochus; feuilles finement dentées, peu poilues en dessous. Foliole terminale à pétiolule égalant la moitié de sa hauteur, largement ovale, un peu échancrée, acuminée. Inflorescence allongée, très lâche, presque nue, peu hérissée, à aiguillons peu nombreux, sans glandes sessiles; calice lâchement réfléchi; pétales rosés; étamines blanches dépassant les styles verdâtres; jeunes carpelles poilus. Plante stérile; pollen à grains presque tous déformés.

Vallée du Garbet, à 4 kilom. environ en amont d'Oust, au milieu des parents. Appelé R. *consoranensis* de l'ancien nom de Couserans ou Conserans donné autrefois à cette région de l'Ariège où je l'ai récolté.

✕ *R.* **AURIGERANUS** Nob. — *R. ulmifolius* ✕ *ellipticifolius*. — Turion *très glauque*, peu poilu. Feuilles *d'un vert foncé* et *glabres* en dessus, à bords crispés, à dents inégales, blanches-tomenteuses et un peu poilues en dessous; pétiole à aiguillons crochus; foliole terminale ovale ou elliptique, entière, *acuminée*; feuilles raméales 3-nées. Inflorescence grande, feuillée jusqu'au sommet, tomenteuse, peu poilue, à aiguillons faibles; pédoncules multiflores, étalés; calice poilu; pétales roses; étamines blanches dépassant les styles verdâtres; jeunes carpelles glabrescents. Stérile; pollen fortement mélangé.

Ax, au bout de la côte d'Ascou, fossés des bords de la route départementale.

Son inflorescence lâche et la forme de ses folioles dénotent l'influence du *R. ellipticifolius* comme porte-pollen.

✕ **R. NOTHUS** Nob.— *R.ulmifolius* ✕ *Lloydianus* Sudre. Bul. Ass. pyr. n° 160 (1895-96).— Turion pubérulent, non glauque, à faces un peu excavées, sans glandes, à aiguillons forts, droits ou un peu falqués. Feuilles 5-nées, poilues en dessous, à bords souvent révolutés, à dents larges et inégales; pétiole à aiguillons crochus; foliole terminale ovale, aiguë ou peu acuminée ; rameau poilu, à aiguillons falqués ou crochus. Inflorescence ordinairement très grande, pyramidale, lâche, feuillée et interrompue à la base, fortement hérissée, à aiguillons forts, falqués ou géniculés, à bractées larges; calice hérissé; pétales blancs; étamines blanches dépassant les styles verdâtres ; jeunes carpelles poilus ; quelques rares drupéoles arrivent à maturité; pollen à grains déformés.

Dalou (Herb. Guilhot).

Cet hybride a été aussi récolté à Ruffieu (Ain) et à Gap pa M. Girod.

✕ **R. GIRAUDIASI** Nob. — *R. ulmifolius* ✕ *pallidiformis*. — Turion *glauque,* à aiguillons presque égaux, forts, à glandes nulles ou rares; pétiole un peu glanduleux, à aiguillons falqués ou crochus. Feuilles 5-nées, *blanches-tomenteuses* en dessous; foliole terminale ovale, un peu échancrée, brièvement acuminée ou cuspidée, les inférieures subsessiles. Inflorescence occupant une grande partie du rameau, *lâche, très multiflore, tomenteuse,* peu poilue, *un peu glanduleuse,* à aiguillons forts ; calice aculéolé, à lobes appendiculés, réfléchis ; pétales rosés, étroits ; filets blancs dépassant les styles *verdâtres* ou à base rouge ; jeunes carpelles glabrescents. Pollen à grains tous déformés ; quelques rares drupéoles arrivent à maturité.

Vallée de l'Oriège, en amont d'Orlu ; Ax, en montant au bois de Las Planes, plusieurs buissons, au troisième lacet et au-dessus, avec le R. *ulmifolius* Schott.

Je dédie cette belle Ronce à mon ami M. Giraudias, le dévoué Directeur de l'Association pyrénéenne, qui a si bien exploré l'arrondissement de Foix et avec qui j'ai fait d'intéressantes excursions dans les riches montagnes de l'Ariège.

✕**R. ORBATUS** Nob.— R. *ulmifolius* ✕ ...?— Turion anguleux, à faces planes ou un peu excavées, *glaucescent, glabre,* à *quel-*

ques glandes *courtes et rares*, à aiguillons un peu inégaux, *falqués*. Feuilles 5-nées, d'un vert foncé en dessus, *grises et pubescentes en dessous*, à dents *superficielles*; pétiole à *aiguillons
très crochus* ; foliole terminale à pétiolule égalant le 1/3 de sa
hauteur, *obovale, entière, cuspidée*; les autres de même forme.
Rameau anguleux, *très poilu, un peu glanduleux*, à aiguillons
déclinés ou falqués; feuilles 3-nées, *grises en dessous*, à *folioles obovales, cuspidées, entières*. Inflorescence *dense, allongée*,
presque nue, *fortement hérissée, un peu glanduleuse*, à aiguillons forts et nombreux, à pédoncules étalés, courts; calice réfléchi ; *pétales roses* ; *étamines roses* égalant les *styles verdâtres;*
eunes carpelles glabres, la plupart avortés.

Foix, route de Saint-Pierre.

Provient probablement du croisement du *R. ulmifolius* et de
quelque forme des *R. radulae* que je n'ai point récoltée.

R. WINTERI P.-J. Muell, in Sched; Fock. Syn., p. 196. —
Robuste; *turion glauque*, à faces planes, à poils épars, à aiguillons
forts, droits ou un peu falqués. Feuilles 5-nées, *fermes, d'un vert
jaunâtre* et presque glabres en dessus, *blanchâtres* et *courtement
poilues en dessous*, à *bords ondulés*, à dents aiguës, *composées,
inégales, longuement mucronées;* stipules *longues*, à *quelques
glandes* courtes; pétiole à *aiguillons vigoureux*, falqués ou crochus; foliole terminale à pétiolule égalant la 1/2 de sa hauteur,
ovale, arrondie et entière à la base, *acuminée;* les inférieures
distinctement pétiolulées. Rameau poilu, à aiguillons forts, falqués; feuilles 3-5-nées, à foliole terminale ovale, entière, acuminée. Inflorescence *grande, pyramidale*, interrompue et
feuillée à la base, tomenteuse, *poilue*, à *glandes sessiles*, à aiguillons forts, falqués; pédoncules moyens dressés-étalés, 3-flores,
munis de bractées trifides qui les égalent; calice tomenteux,
poilu, non aculéolé, *lâchement réfléchi*; pétales *grands*, rosés,
ovales, à onglet court; *étamines blanches* dépassant les *styles
verdâtres*; jeunes *carpelles poilus*. Fertile. Pollen peu mélangé;
floraison tardive.

AC. dans la vallée du Garbet, surtout aux environs d'Aulus.

Cette plante est nettement intermédiaire entre les *R. ulmifolius* Schott. et *hedycarpus* Fock.; elle rappelle le *R. Godroni*

Lec. et Lamt. par la forme de ses folioles, mais en diffère par ses turions nettement glauques, son inflorescence plus lâche, à aiguillons plus forts, ses dents plus irrégulières, etc... La description de M. Focke lui convient en tous points.

Les hybrides résultant du croisement du *R. Winteri* et du *R. ulmifolius* étant tout à fait stériles, je crois devoir considérer le *R. Winteri* comme une espèce bien distincte du *R. ulmifolius*.

✕ **R. PSEUDO-WINTERI** Nob. — *R. Winteri* ✕ *ulmifolius* (*rusticanus*). — Robuste, turion pubérulent, *cérosineux*, à faces un peu excavées, à aiguillons vigoureux, droits ; pétiole à aiguillons forts, falqués ou crochus ; feuilles d'un vert *sombre en dessus*, blanchâtres et très peu poilues en dessous ; foliole terminale à pétiolule égalant la 1/2 de sa hauteur, *ovale*, *entière*, *longuement cuspidée* ; rameau poilu, à aiguillons vigoureux, un peu falqués. Inflorescence pyramidale, tomenteuse, maigrement hérissée, à aiguillons nombreux, à *glandes sessiles* ; calice poilu ; pétales roses, *étroits*, *rétrécis* à la base ; étamines blanches dépassant les styles rouges ; jeunes carpelles hérissés. Pollen à grains presque tous déformés ; floraison tardive ; paraît stérile.

Vallée du Garbet, en aval d'Aulus.

A la tige très pruineuse, les feuilles cuspidées et les styles rouges du *R. rusticanus* Merc. ; les folioles arrondies à la base, l'inflorescence très poilue et les glandes sessiles du R. *Winteri*.

✕ **R. LANGUIDUS** Nob. — *R. Winteri* ✕ *pusillus*. — Turion *subarrondi*, *glauque*, glabrescent, sans glandes ; aiguillons espacés, *un peu inégaux*. Feuilles *5-nées*, d'un vert foncé en dessus, *grises et poilues en dessous*, *douces au toucher*, à dents aiguës, inégales ; foliole terminale ovale, à peine échancrée, *acuminée*, les inférieures *presque sessiles*; toutes se recouvrant un peu par les bords ; stipules étroites. Rameau obtusément anguleux, à poils apprimés, à glandes nulles ou très rares, à aiguillons forts, espacés, à feuilles 3-nées, grises ou blanchâtres en dessous. Inflorescence *courte*, *lâche*, un peu interrompue à la base, tomenteuse, peu poilue, à *quelques glandes presque sessiles*, à aiguillons forts, un peu falqués; calice tomenteux,

étalé ; *pétales roses* ; *étamines blanches* dépassant les *styles
rouges* ; jeunes carpelles poilus. Stérile ; pollen très mélangé.

Aulus, bords du Garbet.

Diffère du *R. amplifoliatus* Nob. surtout par la forme des
folioles caulinaires.

⊙ ⊙ Turion non glauque.

R. HEDYCARPUS Fock, Syn. 190. — Robuste ; *turion non
pruineux,* plus ou moins poilu ; feuilles à quelques poils apprimés en dessus, grises ou blanches-tomenteuses et *poilues en
dessous* ; *folioles acuminées,* les inférieures distinctement pétiolulées ; inflorescence *poilue ou hérissée,* à aiguillons falqués
ou crochus ; *fleurs ordinairement pâles* ; *étamines dépassant
les styles.*

2 sous-espèces :

Subsp. 1. — **R. ellipticifolius** Nob. — Turion poilu, à
faces un peu excavées, à aiguillons droits. Feuilles d'un *vert
sombre en dessus,* les inférieures grises, les supérieures blanchâtres en dessous, à dents aiguës, médiocres, inégales ; foliole
terminale à pétiolule égalant la 1/2 de sa hauteur, *elliptique,
entière,* très *acuminée* ; les autres de même forme, mais plus
étroites ; pétiole à aiguillons crochus. Rameau anguleux, poilu,
à aiguillons espacés, falqués ; feuilles 3-5-nées, semblables aux
caulinaires. Inflorescence *grande, pyramidale, très lâche, peu
feuillée* à la base, tomenteuse, poilue, à glandes sessiles, à *aiguillons rares,* à pédoncules 2-4-flores, *très étalés,* ramifiés souvent dès la base, à *pédicelles grêles, allongés* ; calice poilu ; *pétales rosés,* à onglet long ; *filets blancs* dépassant les *styles verdâtres*; jeunes *carpelles glabres.* Pollen fortement mélangé,
mais plante fertile. A.C. aux environs d'Ax, à Ascou, à Orgeix ; Foix, vallée de l'Arget ; Ercé, vallée du Garbet, etc.

β. *rubristylus.* — Foliole caulinaire terminale à pétiolule égalant le 1/3 de sa hauteur ; pétales roses, à onglet court ; étamines
roses dépassant les styles rouges.

Vallée de l'Ariège, un peu en aval de Mérens.

Cette var. a les fleurs roses comme l'hybride suivant, mais

elle a les feuilles plus poilues en dessous, les pédicelles moins grêles, les fleurs plus grandes et paraît bien fructifier.

 ✕ **R. MARCAILHOANUS** Nob. — *R. ellipticifolius* ✕ *ulmifolius*.— Aspect et caractères généraux du *R. ellipticifolius* ; turion à faces un *peu excavées*, à poils courts ; pétiole à aiguillons crochus ; feuilles blanchâtres et courtement poilues en dessous ; foliole terminale entière ou peu échancrée, acuminée ; bords un peu ondulés-crispés, à dents peu profondes ; feuilles raméales 3-5-nées, à folioles acuminées. Inflorescence grande, longue et lâche, peu feuillée à la base, poilue, à *aiguillons rares*, à glandes sessiles, à pédoncules étalés, *grêles*, *longs*, multiflores ; calice poilu ; pétales *roses* ; étamines *blanches* ou rosées, égalant les *styles rougeâtres* ; jeunes carpelles glabres. Presque complètement stérile ; grains de pollen presque tous déformés. (Je dédie cet hybride à M. Marcailhou-d'Ayméric, qui a si bien exploré les environs d'Ax et qui a eu l'obligeance de me communiquer tous les *Rubus* de son herbier).

Forge d'Orgeix, rochers des bords de la route d'Ax ; Ax, chemin d'Ascou, rive gauche ; bois de Las Planes, etc.

 ✕ **R. DIFFICILIS** Nob. — *R. ellipticifolius* ✕ *elongastipinus*. — Turion à faces planes, poilu, à glandes sessiles, à aiguillons forts, droits, allongés ; pétiole à aiguillons crochus ; feuilles du *R. ellipticifolius*. Inflorescence du *R. elongatispinus*, mais pédicelles divariqués ; aiguillons nombreux, forts, déclinés ou falqués ; pétales d'un beau rose ; étamines roses dépassant les styles rouges ; jeunes carpelles glabrescents. Pollen très mélangé ; plante stérile.

Ascou, près de Fournier.

Diffère de la précédente par sa tige à faces planes, son inflorescence plus allongée, à aiguillons forts et nombreux, ses étamines roses, etc.

Subsp. 2 — **R. emollitus** Nob. — Turion à faces *un peu excavées*, poilu, à aiguillons droits. Feuilles d'un *vert pâle et jaunâtre, flasques*, poilues en dessus, grises ou presque vertes et *mollement poilues en dessous*, à dents fines, très inégales ; pétiole à aiguillons crochus ; foliole terminale *très largement ovale ou suborbiculaire*, entière ou à peine échancrée, *aiguë* ; les inférieures brièvement pétiolulées. *Rameau hérissé*, anguleux, à aiguillons *forts et crochus* ; feuilles 3-5-nées, grises et très poilues en dessous ; foliole terminale largement ovale-rhomboïdale, entière, aiguë. Inflorescence ovale, feuillée et interrompue à la base, arrondie au sommet, *fortement hérissée*, à *aiguillons forts*, falqués ou géniculés ; pédoncules moyens étalés, 2-3-flores ; calice *très poilu* ; *pétales rosulés*, ovales, rétrécis en onglet ; *étamines blanches* dépassant les *styles verts ; jeunes carpelles glabres*. Fertile ; pollen très mélangé.

A.C. dans les vallées du Garbet, à Aulus, à Ercé ; de l'Alet, à Lataule, etc.

Diffère du *R. hebes* Boul et L. par ses turions poilus, à faces excavées ; ses folioles plus larges, non acuminées, peu tomenteuses ; ses rameaux hérissés, ses carpelles glabres, etc. Elle est rapprochée du *R. sepivagus* Nob. (*Herb.*) qui, par ses turions glabres et vivement canaliculés, appartient au groupe suivant.

✕ **R. INCOMPERTUS** Nob.— R. *emollitus* ✕ *thyrsoideus* ? — Turion anguleux, à poils épars, à quelques glandes subsessiles, à aiguillons forts, droits ou un peu falqués ; feuilles 5-nées, épaisses, d'un vert gai et presque glabres en dessus, les inférieures grises, les supérieures blanches-tomenteuses et poilues en dessous ; dents fines, inégales ; pétiole à aiguillons crochus ; foliole terminale à pétiolule égalant la 1/2 de sa hauteur, très largement ovale, suborbiculaire, peu échancrée et un peu acuminée, les inférieures brièvement pétiolulées. Rameau anguleux, à faces un peu excavées, poilu, à aiguillons falqués ou géniculés ; feuilles 3-nées. Inflorescence étroite, dense, allongée, feuillée à la base, hérissée, à aiguillons géniculés ou crochus ; pédoncules épais, courts, multiflores, ascendants ; calice très poilu ; pétales blancs ou rosulés ; filets blancs égalant les styles verdâtres ; jeunes carpelles glabres. Peu fertile. Pollen à grains tous déformés, inégaux. Coteaux de Reims, près Foix.

R. THYRSOIDEUS Wimm. (1) *Fl. Schles.* I p. 204 (1832);

---

(1) M. K. Friderichsen (*Die Nomenclatur des Rubus thyrsoideus*) range les formes de ce groupe sous la dénomination de R. *arduennensis* Lib. (1813). Le R. *arduennensis*, d'après les spécimens authentiques distribués dans

Fock. *Syn.* p. 161 (Sp. coll.) ; Boul., *Subd. sect. Eub.* 401.— Turion *non pruineux, canaliculé, ordinairement glabre* ; feuilles grossièrement dentées, blanchâtres et poilues en dessous, à tomentum lâche, à folioles inférieures brièvement pétiolulées. Inflorescence *fortement hérissée*, à pédoncules souvent ascendants ; fleurs ordinairement blanches.

2 *sous-espèces* :

R. **sepivagus** Nob., *Herb.* (1896) — Turion *canaliculé, glabre*, à aiguillons droits ; feuilles d'un vert jaunâtre en dessus, blanchâtres et *très mollement poilues en dessous*, à dents grosses, inégales ; pétiole à aiguillons très falqués ou crochus ; foliole terminale à pétiolule égalant le tiers ou le quart de sa hauteur, *obovale, entière*, aiguë, les autres rétrécies-cunéiformes, les *inférieures subsessiles*. Rameau anguleux ou canaliculé, poilu, à *aiguillons forts*, déclinés ou falqués ; feuilles 3-nées, semblables aux caulinaires. Inflorescence presque nue, fortement *hérissée*, à pédoncules étalés dans les pieds vigoureux, ascendants dans les pieds grêles, à *aiguillons forts, nombreux, falqués ;* calice poilu ; pétales blancs, ovales, à onglet court ; filets blancs dépassant les styles verdâtres ; jeunes carpelles glabres ou à poils rares. Fertile ; pollen très mélangé.

Vallée de l'Alet, près de Lataule. Vient aussi dans le Tarn.

R. lacertosus Sudre, *Rév. Rubus Herb. de Martr.* in Bull. Soc. Bot. Fr. t. XLVI, p. 99 (1899); *R. phyllostachys* Boul. et B. de Lesd. *Rub. gal.* 123 ! non P. J. Muel. (sec. N. Boul.) — R. *macrostemon* (Fock.), N. Boul. (p. p.), *Rubi discolores*, in Bul. Soc. bot. Fr. t. XLV, p. 521.

Robuste ; turion *glabre, canaliculé*, à aiguillons forts, droits, déclinés ou un peu falqués. Feuilles *grandes*, planes, presque glabres et *d'un vert pâle* en dessus, blanches-tomenteuses et courtement poilues en dessous, à dents inégales ; pétiole à aiguillons crochus ; foliole terminale à pétiolule éga-

---

les *Rubi gall.* n°s 75, 76, paraît être d'origine hybride. Il fructifie mal et a un pollen à grains à peu près tous déformés. M. Boulay le considère aussi comme hybride et le croit dérivé du R. *roseolus* P. J. Mul. — Dans ces conditions je ne puis admettre ce *Rubus* comme espèce collective.

lant presque la 1/2 de sa hauteur, *largement ovale, échancrée acuminée*, les inférieures pétiolulées. Rameau anguleux, canaliculé au sommet, poilu, à *aiguillons forts*, falqués ; feuilles ternées, quelques-unes 5-nées, à foliole terminale ovale, un peu acuminée. Inflorescence *grande, interrompue et feuillée dans sa partie inférieure* et parfois même jusqu'au sommet, brièvement hérissée, à *aiguillons forts* et géniculés vers la base, à pédoncules moyens 3-flores, dressés-étalés, munis de bractées trifides qui les égalent ou les dépassent ; calice poilu, non aculéolé ; pétales *grands, ovales, à onglet court, blancs ou rosulés* ; *étamines blanches dépassant* les *styles verdâtres* ou à base rose dans les lieux bien exposés ; *jeunes carpelles glabres ou à poils rares*. Fertile ; pollen peu mélangé. *Ronce précoce*, fleurissant 15 jours avant le R. *ulmifolius*.

Ce *Rubus* a été distribué dans les *Rubi Gallici* de MM. Boulay et Bouly de Lesdain, n° 123, sous le nom de R. *phyllostachys* ; mais M. Boulay ayant dernièrement reconnu que le vrai R. *phyllostachys* P. J. Mul. est un hybride des R. *thyrsoideus* et *macrophyllus* rattache maintenant la plante du Tarn au R. *macrostemon* Fock., qui appartient au gr. du R. *hedycarpus* Fock. Après avoir examiné de nouveau les nombreux spécimens de ce *Rubus* que je possède du Tarn et de l'Ariège, je reste convaincu qu'il appartient bien au gr. du *thyrsoideus*. C'est aussi l'opinion de M. K. Friderichsen qui, dans un récent travail (*Die Nomenclatur des Rubus thyrsoideus*), en fait une variété *phyllostachys II* de la sous-espèce *Phyllostachys* (erwelt) du R. *thyrsoideus*. Dans le Tarn, le *R. lacertosus* est très abondant et les diverses formes de R. *thyrsoideus* que l'on rencontre çà et là paraissent s'y rattacher directement. Il ne saurait être hybride des R. *macrostemon* et *thyrsoideus* car son pollen est beaucoup plus pur que celui de ces deux dernières espèces.

Ascou ; vallée de Mérens.

× **R. AXENSIS** Nob. — R. *lacertosus* × *ellipticifolius*. — *Robuste* ; *turion canaliculé*, presque glabre, à glandes sessiles, à aiguillons droits ; feuilles *grandes*, d'un *vert pâle*, blanchâtres et mollement poilues en dessous, à dents inégales ; pétiole à aiguillons fortement falqués ou crochus ; foliole terminale à pétiolule égalant la 1/2 de sa hauteur, *largement ovale*, entière, peu acuminée. Inflorescence **grande**, interrompue et *feuillée seulement vers la base, très lâche*, hérissée, à *aiguillons nombreux*, falqués, forts ; pédoncules moyens *étalés, longs,très multiflores* ; pétales blancs ou rosulés ; étamines blanches dépassant les styles verdâtres ; jeunes carpelles glabres ou à poils rares ; plante peu fertile ; pollen à grains tous déformés. Rappelle le *R. lacertosus* par ses turions canaliculés et ses amples folioles, mais a l'inflorescence lâche et étalée du *R. ellipticifolius*.

Ax, à l'entrée de la vallée d'Orgeix ; route d'Ascou ; vallée de Mérens, etc.

R. TOMENTOSUS Borkh. *in Rœm. N. Mag. f. Bot.* I. p. 2 ; Fock. *Syn.* 226 (var. *canescens*).

Subsp. R. **Lloydianus** Gen (pr. sp.), *Mon. p.* 188 ; *R. tomentosus* var. *glabratus* God., Boul.— Tige glabre ou glabrescente, glanduleuse ; feuilles non tomenteuses en dessus ; inflorescence non glanduleuse ; pétales d'un blanc jaunâtre ; pollen pur.

Pech de Dalou (Guilhot).

β) *coloratus*. — Inflorescence d'un rouge vineux, pétales plus ou moins colorés, parfois d'un rouge vif. Forme fertile à pollen parfait et non hybride. Çà et là, avec le type. Dalou (Guilhot).

✕ R. **ROSEIPETALUS** Nob.— *R. Lloydianus* ✕ *ulmifolius*.— Turion anguleux, presque glabre, subglaucescent, rougeâtre, à aiguillons forts, un peu falqués ; feuilles la plupart 5-nées, coriaces, d'un vert gai et glabres en dessus, blanches-tomenteuses et peu poilues en dessous, à tomentum un peu mou, à dents très inégales, peu profondes, à bords crispés ; pétiole à aiguillons crochus ; foliole terminale à pétiolule égalant le 1/3 ou le 1/4 de sa hauteur, étroitement ovale, peu échancrée, aiguë. Rameau anguleux, à poils apprimés, à aiguillons falqués. Inflorescence lâche, un peu interrompue à la base, tomenteuse, poilue, à aiguillons falqués ; pédoncules moyens dressés-étalés, multiflores ; calice simplement tomenteux ; pétales roses ; étamines blanches égalant les styles rouges. Presque complètement stérile. Pollen à grains tous déformés.

Foix, bords du ruisseau de Gariac.

X R. **PULVERULENTUS** Nob., *Herb.* (1896) et Bull. *Assoc. pyr.* N° 243; *R. ulmifolius* X *tomentosus* (canescens). — Le *R. collinus* DC. *Hort. Monsp.* 139. *R. tomentosus* (*canescens*) X *ulmifolius* N. Boul. Rub. Gall. n° 125, dont les turions sont fortement canaliculés, les feuilles toutes très poilues-tomenteuses en dessus et les fleurs rosées, me paraît provenir du *R. tomentosus* fécondé par le *R. ulmifolius*. Je désigne sous le nom de *R. pulverulentus* les formes provenant de la fécondation du *R. ulmifolius* par le *R. tomentosus*. La plupart de ces formes diffèrent très sensiblement de la plante de l'Hérault.

Turion *brun, un peu glauque, à faces planes* ou à peine excavées, à aiguillons forts. Feuilles *coriaces*, les moyennes et les supérieures *cendrées-tomenteuses en dessus*, toutes blanches-tomenteuses et poilues *en dessous*, à dents inégales ; pétiole à aiguillons falqués ou subcrochus ; foliole terminale à pétiolule égalant le 1/3 ou le 1/4 de sa hauteur, ovale, ordinairement échancrée, peu acuminée. Rameau anguleux, à *feuilles 3-nées, les supérieures au moins tomenteuses en-dessus*. Inflorescence presque nue, multiflore, hérissée, à bractées larges; calice hérissé ; pétales blancs ou rosés ; étamines blanches dépassant les styles verdâtres ; jeunes carpelles poilus. *Presque totalement stérile*. Pollen à grains presque tous déformés.

β) *fallacinus*. — Feuilles caulinaires inférieures à folioles largement ovales, cordiformes, glabres en dessus, aiguës ; les raméales poilues en dessus, à foliole terminale ovale-rhomboïdale aiguë. Inflorescence du *R. collinus*, très hérissée, à aiguillons forts et nombreux; pétales ovales, rosés, devenant blancs. Diffère du *R. collinus* DC. par ses turions glauques, à faces planes, ses rameaux non canaliculés, ses feuilles bien moins poilues en dessus, la denticulation bien plus grossière, etc.

Foix, route de Saint-Girons, terrain granitique.

Bien que je n'aie point récolté à Foix le R. *tomentosus canescens* ni la sous-espèce R. *Lloydianus* Gen., il est fort probable que ces plantes croissent dans les environs de cette ville et sont à rechercher particulièrement sur les montagnes calcaires du Pech et du Saint-Sauveur.

SECTION IV. Appendiculati GEN.

a) VESTITI.

R. HYPOLEUCUS Lef. et M.

Une forme :

R. continens Nob. — Turion *anguleux*, à faces planes, *un peu rude*, à poils nombreux, *apprimés* à aiguillons *petits*, inégaux, déclinés, à quelques glandes très courtes. Feuilles 5-nées, minces, à poils apprimés en dessus, les inférieures vertes, les supérieures grises et à *nombreux poils brillants en dessous*; dents aiguës, inégales ; pétiole à aiguillons faibles, un peu falqués ; foliole terminale à pétiolule égalant presque la 1/2 de sa hauteur, ovale, échancrée, longuement acuminée, les inférieures distinctement pétiolulées. Rameau anguleux, poilu, un peu glanduleux, à *aiguillons grêles*, un peu falqués, presque aciculaires ; feuilles 3-nées, vertes ou un peu grises et très poilues en dessous ; foliole terminale *largement ovale*, un peu échancrée, aiguë ou peu acuminée. Inflorescence étroite, feuillée à la base, *flexueuse, tomenteuse, peu poilue*, non hérissée, à *glandes rares*, à aiguillons *très grêles*, à pédoncules 1-3-flores, étalés, arqués ; calice tomenteux, poilu, à lobes un peu aculéolés, étroits, réfléchis ; étamines dépassant les styles ; carpelles petits, nombreux, poilus.

Vallon de Gariac, près Foix. (Schistes).

× R. **INOPS** Nob. — R. *continens* × *ulmifolius* (*rusticanus*). — Grêle. Diffère du précédent par ses turions dépourvus de glandes, à aiguillons forts, presque égaux ; ses feuilles finement dentées, à foliole terminale obovale, entière ; son inflorescence plus multiflore, dépourvue de glandes ou à glandes très rares ; ses calices tomenteux et peu poilus comme dans le R. *rusticanus* ; pétales roses ; étamines blanches plus courtes que les styles roses ; jeunes carpelles poilus. Stérile.

Vallon de Gariac, près Foix, avec le R. *continens*.

Subsp :

R. callichrous Nob. *Herb.* (1898.)

Robuste ; turion anguleux, à *faces planes, lisse, peu poilu*, à *glandes rares*, à aiguillons *peu inégaux, droits*. Feuilles 5-nées,

d'un vert foncé et à quelques poils apprimés en dessus, les inférieures vertes et glabrescentes en dessous, les supérieures grises-
tomenteuses et un peu poilues ; dents inégales ; pétiole à glandes rares, à aiguillons déclinés ou falqués ; foliole terminale à
pétiolule égalant les 2/5 de sa hauteur, *largement ovale, échancrée, brièvement acuminée.* Rameau obtusément anguleux,
poilu, rude, à *glandes rares,* à aiguillons inégaux, déclinés ou
falqués ; feuilles 3-nées, les supérieures blanches-tomenteuses
et poilues en dessous ; foliole terminale ovale-rhomboïdale,
peu échancrée et peu acuminée. Inflorescence *grande, lâche,
très feuillée, hérissée, peu glanduleuse, à aiguillons forts,* déclinés, à pédoncules *très étalés,* les moyens 2-3-flores ; calice
tomenteux, poilu, à glandes courtes, un peu aculéolé, à lobes
réfléchis ; pétales d'un *beau rose,* grands, ovales ; étamines
roses à la base dépassant les styles verdâtres ou rougeâtres ;
jeunes carpelles glabres ou peu poilus. Pollen peu mélangé.

Vallée de l'Alet, en aval de Trein. Vient aussi dans le Tarn.

Diffère du R. *ferrariarum* Rip. par ses turions moins poilus, plus robustes ; ses folioles bien plus larges et moins acuminées ; son inflorescence divariquée, à aiguillons bien plus vigoureux, etc.

β.) *scabricaulis.* Turion arrondi, glabrescent, à aiguillons
courts, très inégaux, rendant la tige rude ; folioles plus acuminées ; pétales rosés ; étamines blanches dépassant les styles
verdâtres. Peut-être hybride ?

Sérac, chemin du col de Latrape.

Une forme :

R. **aspreticolus** Nob. — Plus grêle ; turion un peu rude, presque glabre, à aiguillons plus inégaux. Feuilles toutes vertes en
dessous et plus poilues, à dents moins aiguës ; inflorescence non
ou à peine feuillée, à aiguillons plus faibles ; calice non aculéolé ;
pétales elliptiques, d'un rose vif ainsi que les étamines et les
styles ; carpelles glabres. Pollen mélangé avec la 1/2 des grains
normaux. Fertile.

Vallon de Gariac, près Foix.

R. **hebecaulis** Nob. *Herb.* (1896). — Turion *obtusément anguleux ou subarrondi, très poilu,* à glandes rares, à aiguillons

peu inégaux, comprimés. Feuilles *3-nées*, d'un vert foncé, *poilues sur les deux faces, vertes en dessous*, à dents fines, aiguës, inégales ; pétiole à aiguillons déclinés ou falqués ; foliole terminale à pétiolule égalant le 1/3 de sa hauteur, *ovale, échancrée, acuminée*. Rameau obtusément anguleux, poilu, peu glanduleux, à aiguillons très inégaux, les grands longs et déclinés. Feuilles 3-nées, les supérieures grises et très poilues en dessous ; foliole terminale ovale, échancrée, acuminée. Inflorescence *nue, multiflore, hérissée, glanduleuse,* à *aiguillons nombreux*, jaunâtres, droits ou déclinés ; pédoncules moyens multiflores, dressés-étalés ; calice gris-verdâtre, hérissé, un peu glanduleux et aculéolé, à lobes appendiculés, *étalés* ; pétales *blancs*, ovales, rétrécis à la base ; *étamines blanches* dépassant les *styles verdâtres* ; jeunes carpelles glabres. Très fertile.

β.) *oblongifolius*. — Foliole caulinaire terminale oblongue, brièvement pétiolulée ; rameau à aiguillons très allongés ; jeunes carpelles poilus.

Vallée de l'Alet, à 2 kil. en aval de Trein.

La plante du Tarn a le pollen tout à fait pur, tandis que celle des Pyrénées, peu différente, l'a un peu mélangé. (1/6 de grains déformés).

R. PODOPHYLLUS P. J. Muel., in Boul. *Ronc. Vosg*, p. 61. Boul. *Subd. Sect. Eub.* p. 404.

Une forme :

R. gratifolius Nob. — *Grêle; turion arrondi* ou obtusément anguleux, *poilu, peu glanduleux*, presque lisse, à *aiguillons faibles*, inégaux, droits ou déclinés. Feuilles 3-5-nées, *d'un vert pâle, minces*, à quelques poils apprimés sur les deux faces, *vertes en dessous*, à *dents fines, aiguës, la plupart simples* ; pétiole à *aiguillons déclinés* ; foliole terminale à pétiolule égalant le 1/3 ou le 1/4 de sa hauteur, *étroitement ovale-allongée*, entière ou à peine échancrée, acuminée, les inférieures brièvement pétiolulées. Rameau peu anguleux, *très poilu*, glanduleux, à *aiguillons faibles, droits ou déclinés*, très inégaux ; feuilles 3-5-nées, *vertes en dessous*, à foliole terminale ovale, *entière*, aiguë ou peu acuminée. Inflorescence *étroite, allongée, dense, presque nue, tomenteuse, brièvement poilue,* à *glandes courtes,* *peu abondantes* ; à aiguillons faibles, droits ou déclinés ; calice tomenteux, peu poilu, à glandes rares, un peu aculéolé, à lobes étalés ; *pétales blancs* ; *étamines blanches plus courtes que les styles verdâtres* ; *jeunes carpelles glabres.* Fertile.

Aulus, à l'entrée de la vallée de l'Arse.

R. hirsutiflorens Nob. — Turion anguleux, à faces planes, *fortement poilu-hérissé*, à quelques glandes courtes, à *aiguillons petits*, comprimés, inégaux, déclinés. Feuilles pédato-quinées, à quelques poils apprimés sur les deux faces, *vertes et pâles en dessous*, à dents médiocres, inégales; pétiole à aiguillons inégaux, falqués; foliole terminale à pétiolule égalant la 1/2 de sa hauteur, *largement ovale*, un peu échancrée, *cuspidée*, les inférieures distinctement pétiolulées. Rameau anguleux, *hérissé*, un peu glanduleux, à aiguillons pâles, *faibles, très déclinés* ; feuilles 3-nées, *vertes en dessous*, peu poilues, à foliole terminale largement ovale, un peu échancrée, cuspidée ou un peu acuminée. Inflorescence *grande, presque nue, très fortement hérissée, peu glanduleuse, à aiguillons faibles*, déclinés, jaunâtres; pédoncules dressés-étalés, très multiflores; calice très hérissé, à glandes rares, non aculéolé, à lobes appendiculés, *relevés ; pétales roses ; étamines blanches* plus courtes que les styles ; jeunes carpelles glabres.

Vallée du Garbet, à 3 kil. en amont d'Oust.

Dans mes spécimens la plupart des fleurs sont attaquées par un champignon qui en a empêché le développement; mais la plante est très remarquable par la longue villosité des axes et des pédicelles. Elle est rapprochée du *R. grandifrons* Nob., Herb. du Tarn (1897), qui en diffère par ses fleurs blanches, ses folioles très acuminées et ses turions non glanduleux.

R. SUBALPINUS Nob. *Rub. de Caut.* p. 14.

Une forme:

R. scitus Nob. — Turion *arrondi, peu poilu*, presque lisse ; aiguillons petits, déclinés; feuilles 3-5-nées, d'un *vert sombre, peu poilues en dessous ;* foliole terminale à pétiolule égalant le 1/4 ou le 1/5 de sa hauteur, *oblongue*, échancrée, acuminée. Inflorescence du *R. subalpinus* ; calice verdâtre, poilu, à lobes un peu glanduleux et aculéolés, longuement appendiculés, *relevés* ;

pétales *roses* ; étamines *blanches* dépassant les *styles rouges* ; jeunes *carpelles glabres*. Très fertile. Pollen mélangé.

Vallée du Garbet, en amont d'Aulus. Alt. 800 m.

Par ses fleurs roses la plante tient du *R. obscurus* Kalt., mais ses feuilles sont peu poilues en dessous, ses turions peu glanduleux et presque lisses, ce qui me la fait ranger dans les *R. vestiti.*

Subsp. :

R. pullus Nob. — Turion *arrondi*, à *poils épars, peu glanduleux*, à aiguillons déclinés. Feuilles 5-nées, d'un *vert sombre* et à quelques poils apprimés sur les deux faces, à *dents grosses*, inégales, la plupart simples ; pétiole à aiguillons déclinés ou falqués ; foliole terminale à pétiolule égalant le 1/3 de sa hauteur, *elliptique*, un peu échancrée, *acuminée*, les inférieures pétiolulées. Rameau arrondi, peu glanduleux, poilu, à aiguillons déclinés ou falqués; feuilles 3-nées, vertes en dessous. Inflorescence *lâche*, interrompue à la base, *longuement hérissée*, à glandes courtes, à aiguillons droits ou déclinés; pédoncules moyens *grêles, étalés*, 1-3-flores ; calice verdâtre, hérissé, un peu glanduleux et aculéolé, à lobes appendiculés, *lâchement relevés* ; *pétales blancs*; *étamines blanches* dépassant les *styles verts*; jeunes *carpelles glabres*; pollen pur aux 3/4.

Aulus, sentier du col de Latrape. Alt. 1000 m. environ.

Diffère du *R. teretiusculus* Kalt. par ses turions peu poilus, ses folioles étroites, ses sépales apprimés; il ressemble au *R. disjectus* Lef. et Muel., qui en diffère par ses turions très poilus, ses feuilles supérieures grises en dessous, ses étamines roses et ses carpelles poilus.

b. Radula.

R. RADULA Wh. *in. Boenning. Prod. Fl. Mon.* 152. Fock. *Syn.* p. 320. ; Boul., *Subd. Sect. Eub.* p. 404.

Turion anguleux, très rude, peu poilu; feuilles 5-nées, souvent grises en dessous, à folioles inégalement dentées et acuminées; rameau à aiguillons déclinés ou falqués ; inflorescence fortement hérissée, souvent peu glanduleuse, à aiguillons forts, déclinés ou falqués ; fleurs ordinairement blanches, à calice le plus souvent réfléchi(1).

Deux formes :

R. pauciglandulosus Nob. *Herb.* (1897).— Turion peu poilu, à aiguillons droits ou un peu falqués ; feuilles presque *toutes blanches tomenteuses en dessous*, à *dents superficielles ;* pétiole à aiguillons très falqués ou crochus ; foliole terminale ordinairement *obovale, un peu échancrée, brusquement acuminée,* à pétiolule égalant le 1/3 de sa hauteur. Rameau poilu, peu glanduleux, à aiguillons déclinés ou falqués, à feuilles *presque toutes 5-nées,* à folioles obovales, acuminées. Inflorescence pyramidale, feuillée inférieurement, très hérissée, à *glandes rares, non aciculée* ; calice hérissé, un peu aculéolé, *subréfléchi ;* pétales blancs ou rosulés, ovales ; filets blancs dépassant les *styles verdâtres ;* jeunes *carpelles glabre*s ou à poils rares.

Je rapporte à cette forme, commune dans la forêt de Grésigne (Tarn), des exemplaires que j'ai récoltés à Ax, sur les rochers siliceux qui bordent la route d'Orgeix, mais dont je n'ai point vu les fleurs. C'est un *R. Radula* nettement discolore et peu glanduleux.

R. imitatus Nob. — Turion à *faces excavées,* peu poilu, à *glandes rares,* à aiguillons forts, falqués. Feuilles *vertes* et *peu poilues* en dessous, à dents fines, *aiguës, presque égales* ; pétiole à aiguillons *forts* et *crochus* ; foliole terminale ovale ou un peu obovale, un peu échancrée, brusquement acuminée, à pétiolule égalant le 1/3 de sa hauteur. Rameau *peu poilu* et *peu glanduleux,* à aiguillons falqués ; feuilles la plupart 3-nées, *vertes en dessous* ; inflorescence peu feuillée, à aiguillons nombreux, forts, *à glandes rares,* non aciculée ; calice réfléchi ; *pétales blancs ; étamines blanches* dépassant les *styles verdâtres ;* jeunes *carpelles glabrescents.* Pollen pur aux 3/4.

Vallée du Garbet, près d'Ercé.

____

(1) Le *R. Radula* W. ne saurait être un *R. rudis* × *candicans* ainsi que le croit M. Utsch, car dans l'Ariège où ce *Rubus* est assez répandu, les parents présumés paraissent manquer totalement.

C'est un R. *Radula* virescent, peu glanduleux, à folioles munies de dents très aiguës et à turion canaliculé.

× **R. INGRATUS** Nob. — R.*imitatus* × *brumalis?*

Diffère de la précédente par ses turions très glanduleux, à aiguillons plus inégaux ; ses folioles nettement obovales, entières, brusquement acuminées ; son inflorescence étroite, allongée, fortement glanduleuse et aciculée ; ses calices étalés ou relevés ; ses pétales sont roses, et les étamines, également roses, sont dépassées par les styles rouges. Tout à fait stérile.

Vallée du Garbet, en amont d'Oust.

2 sous-espèces :

1. R. **pallidiformis** Nob. — Turion glabrescent, à faces planes, à aiguillons très inégaux, les grands déclinés, les petits très nombreux. Feuilles d'un vert gai en dessus, grises et poilues en dessous, à dents fines, inégales ; pétiole à aiguillons nombreux, déclinés ou falqués ; foliole terminale à pétiolule égalant la 1/2 ou le 1/3 de sa hauteur, ovale, peu échancrée ou entière, acuminée, les inférieures nettement pétiolulées. Rameau hérissé, glanduleux, aciculé, à aiguillons longs, déclinés ou falqués ; feuilles 3-5-nées, grises en dessous, à foliole terminale étroitement ovale, entière, très acuminée. Inflorescence *allongée, grande, interrompue* et *feuillée* inférieurement, souvent comme tronquée au sommet, *lâche, hérissée,* à *glandes abondantes,* à *aiguillons forts, nombreux,* déclinés, quelques-uns falqués ; *pédoncules courts, très étalés, ramifiés presque dès la base, à pédicelles longs et grêles* ; calice hérissé, aculéolé, un peu glanduleux, *réfléchi* ; *pétales blancs,* rétrécis en onglet ; *étamines blanches* dépassant les *styles verdâtres* ; jeunes *carpelles poilus.* Fertile ; pollen pur aux 2/3.

α) *genuinus.* — Feuilles supérieures grises-tomenteuses en dessous ; foliole caulinaire terminale à base arrondie et ordinairement entière ; inflorescence atténuée au sommet.

AC. aux environs d'Ax et dans la vallée d'Orgeix.

β) *virescens.* — Feuilles très amples, toutes vertes en dessous ; foliole terminale en cœur à la base ; dents presque simples ; inflorescence tronquée au sommet.

Aspect du *R. pallidus* W. N. mais turions presque glabres ; inflorescence à aiguillons forts, carpelles poilus, etc.

Vallée d'Ascou.

Ce *Rubus* est bien distinct des deux précédents par les nombreux petits aiguillons qui hérissent les turions ; il est en outre beaucoup plus glanduleux.

× **R. THERMARUM** Nob.— R. *pallidiformis* × *ulmifolius*.— Grêle. Turion obtusément anguleux, peu poilu, un peu glanduleux, à aiguillons presque égaux, droits ou déclinés. Feuilles la plupart 5-nées, d'un vert sombre en dessus, les supérieures blanches-tomenteuses et peu poilues en dessous, à dents grosses, inégales, pétiole à aiguillons falqués ; foliole terminale à pétiolule égalant le 1/4 de sa hauteur, étroitement ovale ou elliptique, un peu échancrée, acuminée. Rameau pubescent, à glandes rares, à feuilles 3-nées, les supérieures ordinairement grises en dessous. Inflorescence lâche, presque nue. hérissée, peu glanduleuse, à aiguillons nombreux, à pédoncules étalés, longs et grêles; calice aculéolé, réfléchi; pétales roses, étamines roses égalant les styles rouges; jeunes carpelles poilus. Stérile.

Ax, murs du parc de l'établissement thermal du Teich.

× **R. ILLICITUS** Nob. — R. *pallidiformis* × *luteistylus*? — Turion anguleux, non glauque; feuilles supérieures grises en dessous, finement dentées, à foliole caulinaire terminale largement ovale, en cœur, acuminée. Inflorescence lâche, allongée, hérissée, à aiguillons faibles, à pédoncules grêles, ramifiés dès la base; calice à lobes étroits, étalés ; pétales roses ; étamines rosées égalant les styles verdâtres ; jeunes carpelles glabres. Fructification particlle,

Ax, à l'ouest du Teich , haies.

× **R. ARGUTIPETALUS** Nob.— × R.*pallidiformis* × *Guentheri*.— Turion obtusément anguleux, à *aiguillons très inégaux*, trèsdéclinés ou falqués. Feuilles *5-nées*, coriaces, *grises en dessous, à dents fines* ; foliole terminale *largement ovale*, échancrée, brusquement acuminée ou cuspidée. Inflorescence *petite*, *non hérissée* ; calice *lâchement relevé* ; *pétales blancs, très étroits* ; étamines blanches, *bien plus courtes* que les *styles rouges* ; jeunes *carpelles poilus*. Très peu fertile.

Ax, route d'Orgeix.

× **R . HORRENDUS** Nob. — *pallidiformis v. virescens* ×
hirtus.— Diffère de la var. *virescens* par turions plus glanduleux,
à aiguillons plus nombreux et plus inégaux ; ses feuilles caulinaires 3-nées ; son inflorescence plus petite, à calices étalés.
Pollen à grains très inégaux. Stérile.

Ax, côte d'Ascou.

2. R. **leptocercus** Nob.— Turion *glabrescent*, à faces planes
ou un peu excavées, glanduleux, à aiguillons très inégaux, *les
petits très abondants*. Feuilles 5-nées, *vertes et poilues en dessous*, à dents aiguës, *fines*, inégales ; pétiole à aiguillons déclinés ou falqués ; foliole terminale à pétiolule égalant le 1/3 de sa
hauteur, *ovale, un peu échancrée, très longuement acuminée*, les
autres étroites, entières, acuminées, les inférieures distinctement
pétiolulées. Rameau anguleux, poilu, glanduleux, aciculé, à aiguillons la plupart déclinés ; feuilles 3-5-nées, *vertes en dessous,
finement dentées*, à foliole terminale entière, acuminée. Inflorescence presque nue, *lâchement hérissée, à nombreuses glandes
rouges* inégales, à aiguillons abondants, déclinés ou falqués;
pédoncules moyens 1-3-flores, dressés-étalés, grêles; calice poilu,
un peu aculéolé, *étalé ou lâchement relevé*; pétales...; étamines
dépassant les styles rouges ; drupéoles glabres. Très fertile.

AC aux environs de Foix, vers Montgauzy, Reims, vallon
de Gariac, etc. ; terrain granitique ou schisteux.

Si le R. *pallidiformis* est intermédiaire entre les R. *Radula*
et *pallidus*, le R. *leptocercus* paraît bien réunir les R. *Radula*
et *rudis* W.N. Je crois devoir le rapprocher du premier à
cause de son inflorescence hérissée et non divariquée ; d'ailleurs,
il n'est pas très éloigné de certaines formes du Tarn qui appartiennent plus manifestement au R. *Radula* W.N.

× **R. INFRUCTUOSUS** Nob. — R. *leptocercus* × *ulmifolius.*
— Turion un peu pruineux, à glandes rares, à aiguillons presque
égaux. Feuilles 5-nées, d'un vert foncé et glabres en dessus, les
inférieures vertes, les autres grises-tomenteuses en dessous, finement dentées ; foliole terminale à pétiolule égalant le 1/3 ou le
1/4 de sa hauteur, oblongue, à peine échancrée, très acuminée;
pétiole à aiguillons crochus. Rameau glanduleux, à aiguillons falqués, à feuilles 3-nées, les supérieures grises ou blanches en des-

sous.Inflorescence grande, pyramidale, peu feuillée, très multiflore et très dense, courtement hérissée, à nombreuses glandes
courtes, à aiguillons forts ; calice hérissé, étalé ; pétales roses ;
filets rouges, courts, dépassés par les styles rosés ; jeunes carpelles poilus. Stérile.

Abondante sur les coteaux de Reims, près de Foix, dans le
voisinage des parents.

R. TIMENDUS Nob. *Herb.* (1897). — Turion à faces planes
ou un peu excavées, *glabre* où à poils rares, *peu glanduleux*, à
aiguillons nombreux, très inégaux, les grands comprimés, *falqués, crochus ou réclinés,* les petits courts, rendant la tige rude·
Feuilles 5-nées, d'un vert gai et glabres en dessus, les inférieures grises, les *supérieures blanches-tomenteuses* et courtement
poilues en dessous, à dents aiguës, *très inégales* ; stipules étroites ; pétiole plan, glabrescent, glanduleux, à *aiguillons nombreux,* forts *et crochus* ; foliole terminale *ovale ou obovale, souvent cunéiforme, entière, brusquement acuminée,* les autres
rétrécies à la base, les inférieures assez longuement pétiolulées.
·Rameau anguleux, peu poilu, glanduleux, à *aiguillons nombreux, forts, inégaux, la plupart fortement géniculés ou réclinés* ; feuilles presque toutes 3-nées, les supérieures blanches ou
grises en dessous, à foliole terminale *obovale-cunéiforme, entière,*
brusquement acuminée. Inflorescence occupant une grande partie du rameau, feuillée inférieurement, *lâchement hérissée,*
glanduleuse, à *aiguillons très nombreux, forts,* les *grands géni·*
culés, les autres déclinés ou falqués ; pédoncules moyens peu
étalés, 2-4-flores ; calice verdâtre, hérissé, peu glanduleux, un
peu aculéolé, à lobes appendiculés, *lâchement réfléchis* ou
quelques-uns étalés ; pétales *blancs ou rosés,* ovales ; étamines
blanches dépassant les *styles verdâtres* ; jeunes *carpelles glabres.*
Fertile ; pollen mélangé.

Bords des chemins, à Sorgeat, alt. 1050ᵐ, (Herb. Marcailhou
d'Aymeric). Bords du ruisseau d'Ascou, à 1 kil. en amont du
village ; Aulus ; Ustou, à Sérac, Bielle, St-Lizier, Trein, etc..
Vient aussi dans le Tarn.

La plante d'Ascou ne diffère en rien de celle du Tarn ; celle
d'Ustou a les fleurs roses et les folioles moins rétrécies, mais me

paraît devoir être rattachée au type. L'aculéation de ce *Rubus* est caractéristique, et je ne crois pas qu'on puisse le réunir au *R. Radula* comme sous-espèce. D'ailleurs l'hybride suivant, provenant des *R. timendus* et *pallidiformis*, est tout à fait stérile. M. Boulay, à qui je soumis cette plante en 1896, me répondit : « Probablement espèce nouvelle; voir si on pourrait l'expliquer sur place ». Je m'empresse d'ajouter que la production de cette *Ronce* par croisement me paraît bien difficile à expliquer ; de plus sa large dispersion, aujourd'hui bien constatée, milite en faveur d'une bonne espèce (1).

× **R. ALETINUS** Nob. — *R. timendus* × *lasiothyrsus*. — Turion à poils rares, à aiguillons un peu inégaux, falqués ou déclinés ; feuilles 3-5-nées, coriaces, poilues en dessus, grises et mollement poilues en dessous, à foliole terminale ovale, entière, acuminée ; pétiole à aiguillons crochus ou réclinés. Rameau poilu, un peu glanduleux, à aiguillons forts, falqués, géniculés ou réclinés. Inflorescence feuillée presque jusqu'au sommet, fortement hérissée, un peu glanduleuse, à aiguillons inférieurs géniculés ou réclinés ; calice hérissé et glanduleux, réfléchi ; pétales roses ; filets blancs égalant les styles verdâtres. Très peu fertile. Pollen très mélangé.

Bords de l'Alet, à Escots, en aval de Trein.

× R. **DERIVATUS** Nob. — *R. timendus* × *pallidiformis*. — Aspect et principaux caractères du *R. timendus*, mais turion *plus poilu* ; feuilles d'un vert gai, grises en dessous, *très finement dentées* ; foliole terminale *ovale, entière, acuminée*. Rameau *poilu, à aiguillons forts, déclinés ou falqués* ; feuilles raméales 3-nées ; inflorescence *feuillée, fortement hérissée*, à aiguillons déclinés ou un peu falqués ; pétales blancs ou rosulés. Quelques rares drupéoles arrivent à maturité.

Bords du ruisseau d'Ascou, à 1 kil. en amont du village, rive gauche, avec les parents.

× **R. INEXPLICABILIS** Nob. — *R. timendus* × *Questieri ?* — Turion *subarrondi, rameux, glabrescent*, sans glandes, à *aiguil-*

---

(1) Le × **R. foliatus** Nob. Herb (1897). — R. *timendus* × *ulmifolius* ! que j'ai récolté à Teulet (Tarn) est à rechercher dans l'Ariège.

lons courts, inégaux, peu comprimés. Feuilles la plupart pédato-quinées, *vertes et glabrescentes en dessous,* à dents peu profondes, inégales ; pétiole plan, à aiguillons falqués ; foliole terminale à pétiolule égalant le 1/3 de sa hauteur, étroitement ovale, échancrée, un peu acuminée. Rameau subarrondi, *glabrescent,* un peu glanduleux, *à nombreux petits aiguillons courts et iné-gaux, qui le rendent très rude*; feuilles 3-nées, *vertes et glabrescentes* en dessous. Inflorescence *pauciflore, feuillée jusqu'au sommet, formée de petits ramuscules situés à l'aisselle de la plupart des feuilles* et longuement dépassés par elles, tomenteuse, à poils épars, *à glandes courtes,* à aiguillons faibles ; calice tomenteux, peu poilu, à glandes courtes, un peu aculéolé, *refléchi* ; *pétales roses* ; *filets blancs* dépassant peu les *styles verdâtres* ; jeunes carpelles poilus. Stérile.

Murs, à Trein, extrémité sud du village.

Cette plante est peut-être un hybride compliqué, car je ne m'explique pas que ses turions soient presque arrondis.

R. OCCITANICUS Nob., *Herb.* (1896). — Turion anguleux, à *faces planes ou un peu excavées, glabre, à glandes rares,* à aiguillons inégaux, les *grands droits ou un peu déclinés,* les autres courts, souvent peu nombreux. Feuilles 5-nées, d'un vert foncé et à poils rares en dessus, ordinairement *minces, vertes et glabrescentes en dessous,* quelquefois grises et un peu poilues dans les lieux découverts, à dents *grosses, inégales* ; pétiole plan, *presque glabre,* à glandes rares, à *aiguillons falqués* ; foliole terminale à pétiolule égalant les 2/5 ou le 1/3 de sa hauteur, *ovale, un peu échancrée, longuement acuminée,* les inférieures distinctement pétiolulées. Rameau anguleux, *glabrescent,* peu glanduleux, à aiguillons courts, inégaux, *la plupart déclinés,* quelques-uns falqués ; feuilles en grande partie 3-nées, à foliole terminale ovale ou ovale-rhomboïdale, acuminée, les supérieures quelquefois grises en dessous. Inflorescence *large et lâche,* interrompue et feuillée à la base, *maigrement hérissée, glanduleuse, à aiguillons forts, déclinés ou un peu falqués ; pédoncules moyens étalés,* à 2-4-fleurs ; calice hérissé, à glandes nulles ou rares, souvent un peu aculéolé, à lobes un peu appendiculés, *réfléchis* ; pétales ovales, *d'un beau rose ; étamines roses* dépassant les styles le plus souvent roses ; jeunes carpelles ordinairement glabres. Fertile. Pollen mélangé à divers degrés. Ax, route de Mérens, en face de Bazerque. Répandu dans tout le département du Tarn.

Rappelle un peu le *R. rosaceus* W. N. par sa virescence et ses belles fleurs roses, mais n'appartient pas au même groupe. Voisin du R. *phyllothyrsus* K. Frid., Boul. et Boul. de Lesd., *Rub. gall.* n° 81, mais turions glabres, feuilles glabrescentes, inflorescence moins feuillée, etc.

× **R. INCONDITUS** Nob. — R. *occitanicus* × *ulmifolius.* —
Turion du R. *occitanicus* ; feuilles grises-tomenteuses en dessous, à folioles plus larges et brusquement acuminées ; pétiole à aiguillons crochus. Inflorescence très grande et très lâche, nue, pyramidale, désordonnée, tomenteuse, à poils épars, un peu glanduleuse, à aiguillons faibles, à pédoncules longs, grêles, multiflores, étalés ; calice tomenteux-verdâtre, aculéolé, à lobes appendiculés, réfléchis ; pétales roses ; filets roses égalant à peine les styles verdâtres ; jeunes carpelles glabres. Stérile.

Ax, vallée de Mérens, en face de Bazerque.

× **R. INCOPIOSUS** Nob. — R... ? × .... ? —
Turion anguleux, à *faces planes*, peu poilu, à *glandes courtes*, à *aiguillons faibles*, peu inégaux, déclinés. Feuilles 5-nées, *d'un vert terne en dessus, vertes et mollement poilues en dessous*, à *dents très fines, simples* ; pétiole à aiguillons falqués ; foliole terminale à pétiolule égalant le 1/4 de sa hauteur, *oblongue-obovale*, un peu échancrée, *acuminée.* Rameau anguleux, courtement poilu, glanduleux, à aiguillons faibles, déclinés ou falqués ; feuilles 3-nées, à folioles acuminées. Inflorescence *courte, lâche, presque nue, hérissée, glanduleuse*, à *aiguillons nuls ou rares et faibles*, à pédoncules multiflores, étalés ; calice tomenteux, poilu, glanduleux, non ou à peine aculéolé, *étalé ; pétales roses ; étamines blanches plus courtes que les styles rouges* ; jeunes carpelles poilus. *Stérile.*

Ascou, en amont du village. Probablement hybride compliqué.

C. *Rudes.*

R. scitulus Nob. — *Turion arrondi, glabrescent, non glauque*, à quelques *glandes très courtes*, à aiguillons petits, très inégaux, les grands déclinés ou falqués. Feuilles 3-5-nées, à poils rares en dessus, les inférieures vertes et glabrescentes en dessous, les *supérieures blanches-tomenteuses* ; *dents fines*, aiguës, inégales ; pétiole à aiguillons faibles, falqués ou crochus; foliole terminale à pétiolule égalant le 1/4 de sa hauteur, *oblongue, échancrée, acuminée*, les autres brièvement pétiolulées, lobées à l'extérieur dans les ternées. *Rameau arrondi*, à poils courts, à aiguillons faibles, à *glandes courtes et rares* ; feuilles ternées, *les supérieures blanches-tomenteuses en dessous*, à *folioles étroites, acuminées*. Inflorescence *étroite, dense, interrompue et feuillée dans sa moitié inférieure*, courtement poilue, à *glandes courtes*, à aiguillons peu nombreux, droits ou déclinés, à pédoncules moyens *courts, étalés*, 1-3-flores ; calice tomenteux, poilu, à glandes courtes, un peu aculéolé, *réfléchi* ; *pétales roses*, ovales ; *étamines roses dépassant longuement les styles rouges* ; jeunes *carpelles glabres*. Fertile. Pollen un peu mélangé.

Vallée de l'Oriège, aux forges d'Orlu.

Ce joli *Rubus*, du gr. des R. *subbifrondes* Fock., diffère du R. *denticulatus* Kern. par ses calices nettement réfléchis, ses carpelles glabres, ses folioles plus acuminées, etc...

R. scaberrimus Sudre, *Rub. de Cauterets*, var. *pubescens*. Aulus, vers Saleix.

✕ **R. LAXUS** Nob. — R. *scaberrimus var. pubescens* ✕ *scitus* ?

Grêle ; turion obtusément anguleux, à glandes rares, à poils apprimés, à aiguillons droits ou déclinés ; feuilles 3-nées, vertes et pubescentes en dessous ; foliole terminale à pétiolule égalant le 1/3 ou le 1/4 de sa hauteur, ovale, un peu échancrée, acuminée. Inflorescence *très lâche, nue*, maigrement hérissée, *peu glanduleuse*, à pédoncules étalés, *longs et multiflores* ; calice à lobes *longuement appendiculés, étalés* ; *pétales roses* ; filets rouges à la base dépassant les styles verdâtres ; jeunes carpelles glabres. Paraît mal fructifier.

Aulus, chemin de Saleix.

R. superbus Nob. *Herb.* (1896). — Turion *anguleux*, à faces planes, peu poilu, *non glauque*, à glandes courtes, à aiguillons très inégaux, les *grands droits ou déclinés*, vulnérants. Feuilles la *plupart 5-nées*, fermes, d'un vert foncé et glabrescentes en dessus, les inférieures grises, les *supérieures blanches-tomenteuses* et peu poilues en dessous ; pétiole à aiguillons falqués ou crochus ; foliole terminale à pétiolule égalant presque la 1/2 de sa hauteur, *largement ovale, échancrée, acuminée.* Rameau courtement poilu, obtusément anguleux, glanduleux, à aiguillons déclinés ; feuilles 3-nées, les supérieures grises ou blanches-tomenteuses en dessous. Inflorescence feuillée à la base, *tomenteuse, peu poilue*, glanduleuse, à *aiguillons grêles*, déclinés ou un peu falqués; pédoncules étalés 1-3-flores ; calice tomenteux, courtement poilu, glanduleux et aculéolé, à lobes appendiculés, *lâchement relevés* ; *pétales roses* ; étamines roses à la base, *égalant à peine* les styles verdâtres à base rosée ; jeunes *carpelles glabres.* Fertile.

St-Lizier d'Ustou, vers Trein. Se trouve aussi dans le Tarn.

R. luteistylus Nob., *Herb.* (1896). — Turion arrondi ou obtusément anguleux, *glaucescent, peu poilu et peu glanduleux*, à aiguillons faibles, très inégaux, les *grands déclinés.* Feuilles 3-5-nées, *amples*, à quelques poils apprimés sur les deux faces, à dents inégales ; pétiole à aiguillons déclinés ou un peu falqués ; foliole terminale à pétiolule égalant le 1/3 ou le 1/4 de sa hauteur, *largement ovale*, rarement obovale, entière ou un peu échancrée, acuminée. Rameau obtusément anguleux, peu poilu, un peu glanduleux, à aiguillons déclinés ou falqués ; feuilles 3-nées, à foliole terminale ovale, aiguë. Inflorescence *grande, peu feuillée* à la base, *lâche, courtement poilue*, glanduleuse, à aiguillons déclinés ; pédoncules moyens multiflores, étalés ; calice verdâtre, tomenteux, poilu, un peu glanduleux et aculéolé, à lobes appendiculés, *étalés ou lâchement relevés* ; *pétales blancs ou rosulés*; étamines *blanches*, courtes, *longuement dépassées par les styles jaunâtres* ; jeunes carpelles glabres. Fertile.

α.) ***genuinus.*** — Feuilles supérieures grises-tomenteuses en dessous, très peu poilues.

En amont des forges d'Orlu.

β.) *pubescens*. — Feuilles toutes vertes en dessous et à nombreux poils brillants.

Foix, bords de l'Arget; Ax, bois de Las Planes et route de Mérens ; *Ax*, à l'Esquiroulet, bords du canal mis à sec (H. Marcailhou d'Aymeric).

γ.) *mucronulatus*. — Feuilles vertes et glabrescentes en dessous, à dents très superficielles ; calice lâchement réfléchi ; fructification partielle ; peut-être hybride.

Bords de la route forestière de Bonascres à Marseilles, 1620 mètres (Herb. Marc. d'Aym).

δ.) *anomalus*. — (× ?) — R. *luteistylus* × .... ? — Turion arrondi, à aiguillons petits et coniques ; feuilles toutes 3-nées, à dents très superficielles comme dans la var γ, d'un vert foncé, vertes et glabrescentes en dessous ; calice apprimé ; étamines égalant les styles à base rouge ; fructification partielle ; jeunes carpelles poilus.

Vallée d'Ascou, rive gauche, près de Fournier.

× R. **PSEUDO-TIMENDUS**. — R. *luteistylus* var *anomalus* × *timendus*. — Turion obtusément anguleux, non glauque, à poils rares, peu glanduleux, à aiguillons déclinés ou falqués. Feuilles 5-nées, vertes et glabrescentes en dessous ; foliole terminale ovale, entière, acuminée. Inflorescence grande, hérissée, glanduleuse, à aiguillons déclinés ou falqués ; calice étalé ; pétales blancs ; étamines blanches égalant les styles verdâtres ; jeunes carpelles glabres. Stérile.

Vallée d'Ascou, rive gauche, dans le voisinage des parents présumés.

Une forme:

R. **surdifolius** Nob. — Aiguillons *caulinaires falqués* ; feuilles *coriaces*, d'un *vert terne* sur les deux faces, vertes en dessous ; foliolcs *plus étroites* et plus acuminées. Inflorescence *très feuillée* et plus poilue, *presque hérissée* ; étamines blanches n'*égalant pas les styles rouges* ; calice étalé.

Vallée d'Orlu, en amont du village.

Rappelle le *R. foliosus* W. N., mais en diffère par son inflorescence plus lâche, moins hérissée, ses turions glauques, arrondis, ses étamines courtes, etc. Ce dernier caractère et ses styles rouges l'éloignent du R. *scaber* W. N.

 × R. **SCITULIFORMIS** Nob. — R. *surdifolius* × *scitulus*. — Turion glaucescent ; feuilles du R. *surdifolius*, mais d'un vert gai comme dans le R. *scitulus*, vertes en dessous ; pétiole à aiguillons très crochus. Inflorescence dense, à aiguillons forts ; calice étalé ; pétales roses ; étamines blanches égalant les styles rougeâtres ; pollen à grains très inégaux. Quelques rares drupéoles arrivent à maturité.

En amont d'Orlu.

R. **prætextus** Nob. — Turion *arrondi, glaucescent*, peu poilu, glanduleux, à aiguillons inégaux, petits, déclinés. Feuilles 3-nées, *d'un vert foncé*, à dents médiocres, inégales, toutes *très peu poilues*, vertes en dessous ; pétiole à aiguillons déclinés ; foliole terminale à pétiolule égalant le 1/4 ou le 1/5 de sa hauteur, étroitement ovale ou oblongue, un peu rhomboïdale, échancrée, acuminée. Rameau arrondi ou un peu anguleux, peu poilu, glanduleux, à aiguillons déclinés ou falqués, à feuilles semblables aux caulinaires. Inflorescence *petite*, souvent un peu arquée, dépassant peu les feuilles, poilue, à glandes nombreuses, égalant à peine le diamètre des pédicelles, à aiguillons pâles, grêles ; pédoncules moyens étalés, pauciflores ; *calice verdâtre*, à lobes poilus, glanduleux, aculéolés, *bordés de blanc, très étroits, apprimés* ; pétales *blancs* ; *filets blancs longuement dépassés par les styles rouges* ; jeunes carpelles glabres. St-Lizier d'Ustou, vers Bielle. Vient aussi dans la montagne d'Anglès (Tarn).

Je le classe dans les *R. rudes* à cause de ses glandes courtes et de ses turions glauques, bien qu'il soit grêle et ait les turions arrondis comme la plupart des *R. glandulosi*. Ses étamines très courtes, ses sépales relevés et ses styles rouges permettent de le distinguer aisément du *R. scaber* W. N. dont il se rapproche par plusieurs caractères.

R. **GLAUCELLUS** Sudre, *Rub. de Caut.* p. 22.

Vallée du Garbet, près d'Ercé.

La tige très glauque, les folioles finement denticulées et le calice apprimé font facilement reconnaître cette espèce.

Une forme :

R. chlorocalyx Nob. — Turion *anguleux*. Feuilles à *nombreux poils brillants en dessous*, à foliole terminale *échancrée*, acuminée. Inflorescence *allongée, pyramidale* ; *calice jaunâtre* à divisions étroites; pétales blancs ; étamines blanches dépassant les *styles verdâtres* ; jeunes carp. glabres.

Ax, bois de Las Planes. ; bords du chemin conduisant à la fontaine du Drazet, à 1450 m. (Herb. H. Marcailhou d'Aymeric).

R. separatus Nob. — Turion *arrondi, glaucescent*, rougeâtre, *glabre*, à glandes courtes, à aiguillons inégaux, les grands falqués, comprimés. Feuilles 3-nées, glabrescentes en dessus, à nombreux poils brillants en dessous, les supérieures grises, *finement denticulées, à dents très superficielles*; pétiole à aiguillons crochus; foliole terminale à pétiolule égalant le 1/3 de sa hauteur, *largement ovale, en cœur, acuminée*. Rameau arrondi ou peu anguleux, à glandes courtes, peu poilu, à aiguillons falqués ; feuilles poilues et ordinairement vertes en dessous. Inflorescence *dense*, un peu interrompue à la base, non feuillée, courtement poilue, glanduleuse, à aiguillons déclinés ou falqués ; pédoncules moyens étalés, courts, à 1-2 fleurs ; calice tomenteux, poilu, à glandes courtes, à peine aculéolé, *lâchement relevé* sur le fruit ; *pétales roses* ; *étamines roses dépassant les styles rouges* ; jeunes carpelles glabres. Très fertile. Pollen pur aux 3/5.

Coteaux de Reims, près Foix.

Tient du R. *rosaceus* W. N. par ses fleurs roses, mais ses glandes courtes, ses turions arrondis et glauques le font ranger dans le gr. des R. *rudes*. Il diffère du R. *scabripes* Genev. par ses turions non anguleux, ses feuilles très poilues et finement dentées, son inflorescence dense, ses aiguillons caulinaires falqués, etc.

La denticulation des feuilles le rapproche du R. *mucronulatus* Bor, mais la tige glabre et le calice relevé l'en séparent.

D. *Hystrices*.

R. Lapeyrousianus Nob. — *Robuste* ; turion *anguleux*, glaucescent, à faces planes, *glabre ou à poils rares, glanduleux, aciculé*, à *aiguillons nombreux, très inégaux*, les grands vigoureux, comprimés, déclinés ou falqués. Feuilles 5-nées, grandes, fermes, à peu près glabres en dessus, les inférieures vertes, les *autres grises ou blanches-tomenteuses et peu poilues en dessous*, à dents *peu profondes*, inégales ; pétiole à aiguillons déclinés ou un peu falqués; foliole terminale à pétiolule égalant le 1/3 de sa hauteur, *ovale*, à peine échancrée, acuminée, les inférieures pétiolulées. Rameau obtusément anguleux, peu poilu, glanduleux, aciculé, à aiguillons *forts, déclinés* ; feuilles 3-nées, *les supérieures blanches-tomenteuses* en dessous, à folioles acuminées. Inflorescence *grande*, pyramidale, *feuillée jusqu'au milieu, multiflore, très courtement poilue*, à *glandes longues, très inégales*, à *aiguillons très nombreux, forts, droits ou déclinés*; pédoncules moyens multiflores, étalés ; calice grisâtre, poilu, glanduleux, très aculéolé, *imparfaitement réfléchi ; pétales blancs, étroits ; étamines blanches* dépassant *les styles verdâtres*, jeunes carpelles à poils rares. Très fertile. Pollen pur aux 5/6 au moins.

Vallée d'Orgeix, près d'Ax ; route de l'Aude, haies, près du hameau de Lavail à 1100 m. (herb. H. Marcailhou d'Aymeric). Cette belle ronce croît souvent pêle-mêle avec le *R. pallidiformis* et s'en distingue aisément par ses aiguillons plus nombreux, ses glandes plus longues, son inflorescence non hérissée, etc. Elle appartient apparemment au gr. du *R. Koehleri* W. N. et est caractérisée par son inflorescence très courtement poilue et ses feuilles blanches-tomenteuses en dessous.

R. ROSACEUS W. N. *in* Bluff. et Fing. *Comp. fl Germ.* I. 685, Fock. *Syn.* 345. — Boul. et B. de Lesd., *Rub. Gal.* 141, 142. — Bænitz, *Herb. Eur.* n° 8571.

Turion obtusément anguleux, peu poilu, à *glandes longues*, à aiguillons *très nombreux et très inégaux*, les grands comprimés, droits, les petits aciculaires. Feuilles 3-5-nées, *vertes et glabrescentes sur les deux faces*, grossièrement dentées ; pétiole à aiguillons déclinés; foliole terminale à pétiolule égalant le 1/3 de sa hauteur, ovale, échancrée, acuminée. Rameau anguleux, peu poilu, très glanduleux, aciculé, à aiguillons déclinés, très abondants; feuilles 3-nées, vertes en dessous. Inflorescence allongée, feuillée dans sa moitié inférieure, décroissante, lâchement poilue, à *glandes rougeâtres longues et inégales, à aiguillons très abondants, longs,* déclinés ou falqués; rameaux étalés; calice gris-verdâtre, courtement poilu, glanduleux et aculéolé, à lobes *réfléchis*; *pétales roses,* largement ovales, échancrés; *étamines roses* dépassant les styles à base rose; jeunes carpelles à *poils rares.* Pollen presque pur! à grains déformés très rares.

Aulus, bords du Fouillet, à la prise d'eau de la ville.

E. Glandulosi.

⊙ **Fleurs roses.**

R. furvus Nob., *Herb.* (1896). — Turion *arrondi, poilu,* glanduleux, aciculé, à *aiguillons très rapprochés, jaunâtres,* déclinés ou falqués. Feuilles 3-nées, d'un vert foncé, à quelques poils apprimés sur les deux faces, vertes en dessous, *finement et presque simplement dentées*; pétiole à aiguillons déclinés ou falqués; foliole terminale ovale ou ovale-rhomboïdale, échancrée, acuminée. Rameau un peu anguleux, poilu, glanduleux et aciculé, à *aiguillons très nombreux, pâles, longs,* les uns déclinés, les autres falqués; feuilles 3-nées, *vertes en dessous,* à folioles acuminées. Inflorescence lâche, feuillée à la base, dressée, *poilue, très glanduleuse et aciculée, à aiguillons fins, longs et nombreux,* droits ou déclinés, *pâles*; pédoncules moyens étalés, 1-3-flores; calice *verdâtre,* très glanduleux, aciculé, à *lobes lâchement relevés*; *pétales d'un beau rose*; *étamines rouges dépassant les styles rouges*; jeunes *carpelles poilus.* Fertile. Pollen mélangé; un tiers de grains normaux. Vallée d'Ascou, près de Fournier.

Dans la plante de l'Ariège, la foliole caulinaire terminale est régulièrement ovale, à pétiolule égalant la 1/2 de sa hauteur, tandis que dans mes échantillons du Tarn la foliole terminale est rhomboïdale ou un peu obovale et plus courtement pétiolulée; mais malgré cette légère différence les deux plantes me paraissent bien appartenir au même type. Par son aculéation et ses belles fleurs roses, ce *Rubus* tient des R. *hystrices,* mais il doit être placé dans les R. *glandulosi* à cause de ses turions cylindriques et de ses calices apprimés.

R. PURPURATUS Nob. *Herb.* (1896). — Turion *arrondi, glaucescent*, poilu, *rougeâtre, très glanduleux, aciculé*, à aiguillons fins, inégaux, droits ou déclinés. Feuilles 3-nées, d'un *vert gai sur les deux faces, à poils rares*, à dents médiocres, la plupart simples ; foliole terminale à pétiolule égalant le 1/4 de sa hauteur, *étroitement ovale ou oblongue, échancrée, acuminée. Rameau rougeâtre*, arrondi, poilu, glanduleux, aciculé, à aiguillons faibles, déclinés ou falqués ; feuilles 3-nées, à folioles aiguës, glabrescentes. Inflorescence *courte, lâche, rougeâtre*, arrondie au sommet, peu feuillée à la base, *peu poilue*, glanduleuse, aciculée, à aiguillons nombreux, déclinés ou falqués ; pédoncules moyens 1-3-flores, dressés-étalés ; *calice verdâtre*, très glanduleux et aciculé, à lobes appendiculés, *relevés* ; *pétales roses, ovales* ; *étamines rouges dépassant les styles rouges* ; *jeunes carpelles glabres*. Fertile.

Aulus, près de Labouche (calcaire). Vient aussi dans les monts de Lacaune (Tarn), sur le granit.

β). *viridistylus.* — Foliole caulinaire terminale ovale ; styles verts ; calice tomenteux-verdâtre.

Aulus, gorge de l'Arse.

Le *R. purpuratus* me paraît être une espèce parallèle au *R. hirtus* W. K., auquel il ressemble beaucoup mais dont il se distingue aisément par son inflorescence très peu poilue et ses fleurs d'un beau rose à carpelles glabres.

× **R. FOUILLETINUS** Nob. — *R. purpuratus* ×...? — Caractères généraux et aspect du *R. purpuratus* mais folioles régulièrement ovales, à dents peu profondes ; inflorescence *étroite, allongée, tomenteuse, à glandes courtes, non aciculée* ; calice tomenteux, *réfléchi* ; pétales roses, étamines roses égalant à peine les styles rouges ; *jeunes carpelles très poilus*. Stérile.

Aulus, bords du Fouillet, au-dessus de la prise d'eau, terrain granitique.

× **INFUSCUS** Nob. — *R. purpuratus* × *villicaulis*. — Turion anguleux, à poils rares, peu glanduleux, à aiguillons nombreux, très inégaux, les grands comprimés, droits. Feuilles d'un vert sombre, à quelques poils apprimés sur les deux faces, vertes en dessous, finement dentées ; foliole terminale à pétiolule égalant presque la moitié de sa hauteur, étroitement ovale, à peine échancrée, acuminée. Rameau anguleux, glanduleux, aciculé, à feuilles 3-5-nées. Inflorescence grande, multiflore, feuillée et interrompue à la base, pubescente, à nombreuses glandes brunes, à aiguillons forts, déclinés ou falqués; calice gris-verdâtre, glanduleux, aculéolé, réfléchi; pétales rosés; étamines blanches égalant les styles à base rougeâtre; jeunes carpelles glabres. Stérile. Pollen à grains tous déformés.

Aulus, près de Labouche, avec les parents.

Subsp. : R. **brumalis** Nob. — Caractères généraux du *R. purpuratus,* mais feuilles minces, glabrescentes, à dents larges, peu profondes ; foliole terminale ovale-rhomboïdale ; inflorescence courte et lâche, souvent arquée, très peu poilue, à pédicelles grêles, allongés, multiflores ; fleurs petites ; pétales roses, *largement ovales, aigus* ; étamines roses *longuement dépassées* par les styles rouges. Correspond à la sous-espèce R. *Guentheri* du R. *hirtus.*

Aulus, gorge de l'Arse.

Subsp. R. **venustulus** Nob. — Turion *très poilu,* à aiguil_ lons très déclinés ou falqués, *quelques-uns réclinés*; feuilles poilues sur les deux faces, *à dents fines,* aiguës, *simples, presque égales* ; foliole terminale *obovale,* peu échancrée, acuminée, à pétiolule égalant le 1/4 ou le 1/5 de sa hauteur. Inflorescence *étroite, hérissée,* interrompue et feuillée à la base, à glandes rougeâtres ; pédoncules moyens *simples, étalés, courts* ; calice hérissé, glanduleux, aciculé ; pétales petits, ovales, *roses*; *étamines rouges plus courtes que les styles verdâtres* ; jeunes carpelles glabres.

Vallée d'Ascou, près de Fournier. Des échantillons récoltés par M. Marcaillou d'Aymeric vers l'Hospitalet, le long de la route nationale, au 1er lacet, vers 1470 mèt., sont bien conformes à ceux d'Ascou, mais je n'ai pu observer la coloration de la fleur sur les spécimens que mon distingué confrère a bien voulu me communiquer.

☉ ☉ Fleurs Blanches.

† *Inflorescence non rougie par les glandes et les aiguillons.*
R. **SCHLEICHERI** Wh. ? in Tratt. *Ros. Mon.* III p. 21. —

Focke *Syn.* p. 361. — Des échantillons dépourvues de feuilles caulinaires, figurant dans l'herbier de M. Marcailhou d'Aymeric et nommés par M. l'abbé Boulay, paraissent appartenir à cette espèce. Le rameau est très poilu, à glandes et aiguillons pâles ; l'inflorescence est fortement hérissée, à aiguillons jaunâtres, à glandes courtes, peu abondantes ; le calice est réfléchi, les pétales sont blancs et étroits, les étamines sont blanches et dépassent les styles.

Prairie du parc du Castelet, au bord de l'Ariège, et Ax, à l'Es-quiroulet (H. Marc. d'Aym).

Une *forme* :

R. conterminus Nob. — Turion *arrondi, peu poilu*, glandu-leux, aciculé, à aiguillons très inégaux, les grands comprimés, déclinés ou falqués. Feuilles 3-nées, *peu poilues* et *vertes sur les deux faces, très finement dentées* ; foliole terminale à pétiolule égalant le tiers de sa hauteur, *ovale* ou *obovale*, à peine échan-crée, acuminée. Rameau arrondi, *poilu*, glanduleux, aciculé, à aiguillons faibles, déclinés ou falqués ; feuilles 3-nées, à *foliole terminale obovale, entière*, peu acuminée. Inflorescence *allongée, libre*, peu feuillée à la base, *lâche, poilue*, à *glandes fines*, à *aiguillons pâles, grêles, la plupart aciculaires ;* pédoncules moyens étalés, 1-3-flores ; calice grisâtre, *tomenteux, très poilu, peu glanduleux* et *peu aculéolé*, à lobes étroits, *apprimés ; pétales blancs* ou *rosulés ; étamines blanches* égalant à peine les styles à base rouge ; *jeunes carpelles glabres*. Fertile.

St-Lizier d'Ustou, vers Trein.

— **R. spinosulus** Nob. — Turion *arrondi*, à *poils rares*, glanduleux, aciculé, à *aiguillons pâles, très nombreux et très inégaux*, les grands comprimés et un peu falqués. Feuilles 3-nées, vertes en dessous, *à poils rares*, à *dents fines*, inégales ; foliole terminale à pétiolule égalant le 1/3 ou le 1/4 de sa hauteur, *ovale, échancrée, acuminée*. Rameau arrondi, poilu, *fortement glanduleux* et *aciculé*, à *aiguillons* |*jaunâtres, très nombreux et très inégaux*, les grands déclinés ; feuilles 3-nées, à foliole terminale ovale, échancrée, acuminée. Inflorescence *très inter-rompue et feuillée à la base*, dépassant les feuilles, *pâle, peu et courtement poilue*, fortement glanduleuse et aciculée, à *aiguil-*

lons nombreux, longs, les grands déclinés ou un peu falqués ; *calice verdâtre* à *lobes lancéolés,* appendiculés, glanduleux et aculéolés, *relevés* ; *pétales blancs, étroits* ; étamines *blanches dépassant les styles verdâtres ou' à[base rose ; jeunes carpelles glabres.* Très fertile. Pollen pur aux neuf dixièmes.

Vallée de Mérens, en aval du village ; Aulus, vallée du Garbet, chemin de Saleix.

Rappelle le R. *apricus* Wimm. par son inflorescence munie d'aiguillons longs et rapprochés, mais appartient aux R. *glandulosi* à cause de ses turions arrondis. Il se rattache au *rivularis* P. J. Muel. et Wirtg, dont il diffère par ses feuilles glabrescentes, toutes 3-nées, finement dentées ; son inflorescence très multiflore et ses carpelles glabres. Il s'éloigne du R. *emarginatus* P. J. Muel, par ses folioles caulinaires moins larges et moins cordiformes, bien plus finement et plus régulièrement dentées, son inflorescence plus allongée et plus feuillée, et son pollen plus parfait.

R. **SERPENS** Weihe *in* Lej. et Court. *Comp. Fl. Belg.* II, p. 172 ; Focke, *Syn.* 365.

Plante d'un vert jaunâtre, glanduleuse-aciculée; aiguillons caulinaires faibles, à base peu ou point élargie.

Une *forme :*

R. galbinifolius Nob. — Turion arrondi, *glauque,* brièvement poilu, très glanduleux-aciculé ; feuilles 3-nées, *poilues en dessous,* finement et irrégulièrement dentées ; foliole caulinaire terminale à pétiolule égalant presque la 1/2 de sa hauteur, *largement ovale, échancrée, acuminée.* Inflorescence *allongée, libre* au-dessus des feuilles, *pubescente, non poilue,* lâche, peu aciculée ; pédoncules moyens 1-3-flores, *étalés* ; sépales étroits, lâchement relevés; pétales blancs; étamines blanches *plus courtes que les styles verdâtres* ; jeunes carpelles glabres. Fructifie mal et est peut-être hybride. *R. serpens* × *Guentheri ?*

Vallée de l'Oriège, en amont d'Orlu.

†† — *Inflorescence fortement rougie par les glandes et les aiguillons.*

R. HIRTUS W. K.

Plante *fortement glanduleuse et aciculée, ordinairement rougeâtre*; feuilles la plupart 3-nées, à dents inégales; inflorescence dense, poilue, dépassant les feuilles ; *pétales blancs*; *étamines blanches dépassant les styles verdâtres*. Pollen très peu mélangé.

β. *rubristylus.* — Styles rouges.

Le type et la variété assez répandus dans toute la région montagneuse : Ax, Mérens, Ascou, Aulus, Ustou, etc...

Hybrides :

✕ **R. FLEXIBILIS** Nob. — R. *hirtus* ✕ *opertus.* — Grêle; turion *anguleux*, pubescent, à *glandes rares*, à aiguillons inégaux. Feuilles *5-nées*, vertes et peu poilues en dessous, *finement dentées* ; foliole terminale étroitement ovale, peu échancrée, acuminée, à pétiolule égalant le 1/3 de sa hauteur. Rameau à *glandes rares*, poilu, à feuilles vertes en dessous. Inflorescence *très petite et très dense, pauciflore*, poilue, à *glandes rares*, à aiguillons faibles ; *calice réfléchi* ; *pétales blancs*; filets blancs égalant les styles verdâtres ; jeunes carpelles glabres. Stérile.

Aulus, vallée du Garbet, chemin de la vallée de l'Arse.

✕ **R. FŒDUS** Nob. — R. *hirtus* ✕ *pallidiformis.* — Turion *arrondi*, à aiguillons *très inégaux, forts*; *feuilles 5-nées*, poilues en dessous, les supérieures un peu grises ; foliole terminale à pétiolule égalant le 1/4 de sa hauteur, étroitement ovale, un peu échancrée, longuement acuminée ; feuilles raméales *poilues et pâles ou grisâtres en dessous*. Inflorescence *hérissée*, glanduleuse, à *aiguillons forts*, non aciculée ; calice *imparfaitement réfléchi* ; *fleurs blanches* ; fructification partielle. Plante ressemblant beaucoup au R. *Kœhleri* W. N.

Ascou, près de Fournier.

✕ **R. IMPERFECTUS** Nob. — R. *hirtus* ✕ *rosaceus.* — Turion *anguleux*, à *aiguillons forts*, comprimés. Feuilles *5-nées*, vertes en dessous, finement dentées ; foliole terminale obovale, échancrée, aiguë ou cuspidée. Inflorescence *grande, lâche, très multi-*

flore, presque nue, poilue, à glandes inégales, à *aiguillons forts, jaunâtres*; *calice réfléchi*; *pétales roses*; *étamines roses* égalant les *styles rouges*; jeunes carpelles glabres. Stérile.

Aulus, bords du Garbet, en amont du village.

× R. **SUBTILISSIMUS** Nob.—R. *hirtus* × *ligerinus*. — Turion *arrondi, glaucescent*, peu poilu, glanduleux, à aiguillons *courts*, déclinés ou falqués. Feuilles 3-nées, poilues, vertes en dessous, à dents inégales; *stipules larges*; pétiole plan; foliole terminale *largement ovale-rhomboïdale*, peu échancrée, acuminée, les autres brièvement pétiolulées. Inflorescence *petite, pauciflore, corymbiforme, poilue, très glanduleuse*, à aiguillons déclinés ou falqués; calice à *lobes étroits* longuement appendiculés, apprimés; *pétales blancs; étamines blanches* dépassant les *styles verdâtres*. Quelques rares drupéoles arrivent à maturité.

Aulus, bords du Garbet, en amont du village, rive droite. Ressemble beaucoup au R. *ligerinus* Gen., mais est presque aussi glanduleux que le R. *hirtus*.

Une *forme* :

R. **perambigens** Nob. — Turion un peu anguleux, glauque, poils rares, glanduleux, aiculé, à *aiguillons forts*, les grands comprimés et falqués. Feuilles 3-nées, très *finement denticulées*, à dents aiguës, *presque égales*; foliole terminale à pétiolule égalant presque la 1/2 de sa hauteur, ovale ou obovale, *entière*, assez brusquement acuminée. Inflorescence dressée, feuillée souvent jusqu'au sommet, peu poilue; pédoncules épais, ascendants; pétales blancs, étroits; étamines blanches dépassant les styles à base rouge; jeunes carpelles glabres.

Ax, au 3ᵉ tournant de la route militaire de Pointe-Couronne. [Herb. Marcailhou d'Aymeric sous le nom de R. *Lejeunei* (*pr. parte*)].

× R. **PSEUDO-LEJEUNEI** Nob. — R. *perambigens* × *clathrophilus*. — R. *Lejeunei* (groupe) N. Boul. *in herb*. Marcailhou d'Aymeric. — Turion un peu anguleux, *presque glabre, glauque*, glanduleux, aiculé, à aiguillons comprimés, falqués. Feuilles vertes en dessous, en partie 5-nées, finement dentées, à folioles acuminées, la terminale obovale entière. Inflorescence occupant une grande partie du rameau, *feuillée jusqu'au sommet*, très peu poilue, fortement glanduleuse, à glandes très inégales, rougeâtres, quelques-unes dépassant le diamètre des axes, à à aiguillons nombreux, très inégaux ; pédicelles multiflores, peu étalés ; calice glanduleux et aculéolé à lobes *très longuement appendiculés*, étalés ou subréfléchis ; pétales ovales, *roses* ; étamines roses à la base, égalant les styles ; jeunes carpelles glabres. Pollen à grains *presque tous déformés*. *Fructification partielle*.

Ax, route du fort de Pointe-Couronne, près la fontaine de Ventouse (H. Marc. d'Aym.).

Ses turions glauques et glabrescents, ses sépales à longs appendices foliacés, sa fructification partielle et son pollen très imparfait la distinguent du *R. Lejeunei* W. N., N. Boul. et Boul. de Lesd. *Rub. Gall.* N° 85, auquel elle ressemble beaucoup par son inflorescence feuillée. Elle croît en société avec les *R. hirtus (f. perambigens)* et *clathrophilus* Genev. et provient probablement du croisement de ces deux plantes.

Subsp. **R. Guentheri** W. N. — Boul. et B. de Lesd.-*Rub. Call.* n° 46 ; Ch. Magn. *Fl. sel.* 3758. — Caractères généraux du *R. hirtus* W. K. mais étamines bien plus courtes que les styles ordinairement rouges ; inflorescence arquée au sommet.

Ax, bois de Las Planes, vallées de l'Ariège, de Mérens, etc... sous plusieurs formes, en particulier :

R. humilis P.-J. Muel. *Vers.*, 188 ; Gen. *Mon.* p. 85. — Turion *glauque*, poilu ; feuilles un peu poilues en dessous, à folioles acuminées ; inflorescence poilue ; pétales petits ; *styles verdâtres* ; jeunes carpelles *glabres*.

Vallée de Mérens.

Sect. V. — Triviales P.-J. Mull.

R. MARTRINI Sudre, *Rév. Rub. Herb. du Tarn*, in *Bul. Soc. bot. Fr.* (1899), p. 95. — *R. bifrons* de Martr.-Don ! *Fl. du Tarn*, p. 403, *non* Vest ! — Boul. et B. de Lesd. *Rub. Gal.* n° 97 ! — Robuste. Turion obtusément anguleux, *glaucescent, glabre*, sans *glandes*, à aiguillons espacés, *presque égaux*, comprimés, droits ou déclinés. Feuilles 5-nées, d'un *vert très sombre en dessus*, pâles, *grises ou blanchâtres et mollement poilues en* *dessous, très finement dentées*; pétiole non glanduleux, un peu canaliculé, à *stipules étroites*; foliole terminale à pétiolule égalant la 1/2 ou le 1/3 de sa hauteur, *très largement ovale ou un peu obovale, échancrée, cuspidée*, les latérales brièvement pétiolulées, les inférieures subsessiles, toutes amples et *se recouvrant un peu par les bords*. Rameau obtusément anguleux, glaucescent, à aiguillons falqués; feuilles 3-nées, grises en dessous, à folioles larges, la terminale échancrée, aiguë. Inflorescence *très interrompue et feuillée à la base, tomentelleuse, sans glandes*, à aiguillons faibles; calice tomenteux, d'un gris verdâtre, ni glanduleux ni aculéolé, à lobes courts, *lâchement réfléchis; pétales roses*, largement ovales, à onglet court; étamines blanches ou rosées, dépassant les styles verdâtres ou à base rougeâtre; *jeunes carpelles glabres. La plupart des carpelles arrivent à maturité*; fruit gros et noir.

AC. Vallées d'Ascou, d'Orgeix, de Mérens, du Garbet, etc.; environs d'Ax. — M. Boulay a distribué cette plante (*Rub. Gall.* n° 97) sous le nom de R. cœsius × ulmifolius Fock, *forma roseiflora fertilis*. Je reconnais qu'elle est nettement intermédiaire entre les *R. cœsius* et *ulmifolius* et peu éloignée de certaines formes qui proviennent du croisement de ces deux espèces. Je dois toutefois faire observer : 1° qu'elle fructifie aussi bien que beaucoup d'espèces de 1er ordre, les *R. cœsius* et *tomentosus* par exemple; 2° que son pollen, tout en étant mélangé, a souvent près de la moitié de ses grains bien constitués; 3° enfin qu'elle est très abondante non seulement dans les environs d'Ax et dans le Couserans, mais dans toute la région montagneuse du département du Tarn, particulièrement sur le plateau de Lacaune et de Murat, où le *R. ulmifolius* est à peu près introuvable. Le R. *callianthus* Gen. *Mon.* p. 40 (*an Muell ?*) ne doit pas en être très éloigné, mais il a les folioles grossièrement dentées et le calice étalé. (sec. descript.).

× **SPURIUS** Nob. — *R. Martrini × ulmifolius*. — Diffère du précédent par ses *turions à faces planes*, ses *feuilles très peu poilues* en dessous, les supérieures blanches-tomenteuses *à tomentum ras*; la foliole terminale est *plus nettement cuspidée*; l'inflorescence, *courte et large*, est moins feuillée et moins interrom-

pue, un peu poilue, *très multiflore*, à aiguillons forts et nombreux; pétales roses; étamines rosées plus courtes que les
styles un peu rougeâtres; jeunes carpelles un peu poilus. *Stérile.*

Ax, à l'ouest du Teich, avec les parents.

× **R. MONTICULORUM** Sudre, *Herb. du Tarn* (1896). —
R. Martrini × *cœsius fa. ligerinus.* — Caractères généraux du
R. Martrini, mais *turions plus grêles, à aiguillons plus
petits et plus inégaux,* à *quelques glandes pédicellées* et
un peu poilus; foliole terminale plus large; inflorescence
presque nue, *plus courte et plus lâche, portant quelques glandes
pédicellées*; calice étalé ; pétales rosés; étamines blanches dépassant les styles verdâtres; jeunes carpelles glabres; *stérile.*

Vallée du Garbet, près d'Ercé. Se trouve également dans le
Tarn.

R. CÆSIUS L. — Çà et là. Foix, etc.

2 *formes:*

R. ligerinus Gen. — **C.** dans les vallées du Garbet et de
l'Alet, etc.

R. rivallis Genev. *Monog.* 17. — Plus robuste que les *R. cœsius* (type) et *ligerinus;* feuilles grandes, parfois quinées, d'un
vert foncé; foliole terminale suborbiculaire, un peu échancrée,
aïgue ou peu acuminée. Inflorescence à quelques glandes stipi-
tées remontant sur le calice, qui est ordinairement aculéolé, à
lobes larges, relevés; pétales blancs, largement ovales, à onglet
court; étamines blanches dépassant les styles verdâtres; jeunes
carpelles glabres. Pollen pur.

Vallée de l'Alet, en aval de Trein.

Subsp. — **R. pusillus** Rip. (*pro sp.*), *ap.* Genev. *Monogr.*
p. 14. — Turions du R. *cæsius.* Feuilles 3-nées, d'un
vert foncé, glabrescentes, à *contour très net,* à *dents fines,*
aiguës; foliole *terminale orbiculaire,* à *base large, entière, cuspidée,* à pétiolule égalant *la* 1/2 *de sa hauteur.* Inflorescence
corymbiforme, un peu glanduleuse; calice à lobes étroits, un
peu glanduleux, lâchement relevés; *pétales roses, grands,* largement ovales; *étamines blanches* dépassant peu les *styles rouges;* jeunes carpelles glabres. *Pollen pur.* Fertile.

Vallée du Garbet, en amont d'Aulus.

Hybrides.

 × R. **BELLIDIPETALUS** Nob. — R. *cæsius* × *furvus?* — Principaux caractères du R. *cæsius*; mais feuilles caulinaires la plupart 5-nées, poilues en dessous; inflorescence multiflore, courtement poilue, à glandes rares; calice tomenteux, apprimé; pétales d'un beau rose; étamines rouges égalant les styles rouges; stérile; pollen à grains tous déformés.

Bords du ruisseau d'Ascou, à 1 kil. en amont du village.

 × R. **OLEOVIRENS** Nob. — R. *ligerinus* × *lasiothyrsus.* — Turion subarrondi, glaucescent, *très poilu*, à *glandes nulles ou très rares*, à aiguillons inégaux, courts; stipules larges; feuilles 3-nées, d'un *vert olive* en dessus, *poilues et vertes en dessous, finement dentées*; foliole terminale à pétiolule égalant *la moitié* de sa hauteur, *très largement ovale, entière, cuspidée*. Inflorescence *allongée*, pyramidale, poilue, à glandes courtes, à aiguillons faibles; calice étalé; pétales rosés; étamines blanches égalant à peine les styles verdâtres; stérile.

Vallée du Salat, en amont de Seix.

 × R. **ASSURGENS** Boul. et Bouv.! — R. *ligerinus* × *ulmifolius.* — M. Bouvet a eu l'obligeance de me communiquer ses spécimens de R. *assurgens*. Mes échantillons sont absolument identiques aux siens; nos deux plantes ne seraient pas plus ressemblantes si elles avaient été cueillies sur le même buisson !

Ustou, en montant au col de Latrape.

β *anomalus.* — Fleurs blanches à styles rouges.

Aulus, sentier qui conduit à Labouche, avec le R. *ligerinus.*

 × R. **IMPOTENS** Nob. — R. *ligerinus* × *purpuratus.* — Caractères principaux et aspect du R. *ligerinus*, mais turion très glanduleux et aciculé, à aiguillons très nombreux; foliole terminale ovale-rhomboïdale, acuminée; pétales roses, étamines blanches, styles verdâtres. Stérile; pollen à grains tous déformés.

Aulus vallet du Garbet.

RECTIFICATIONS :

Aux **Rubus de Cauterets**.

P. 18, lig. 8, au lieu de R. **elegans**, lire R. **perelegans**.

P. 23, lig. 8, au lieu de R. **laxiflorus**, lire R. **laxatiflorus**.

P. 28, lig. 6, au lieu de R. **brachyodon**, lire R. **tenuidentatus**.

Aux **Rubus de l'Ariège**.

P. 44, lig. 4 et 35, au lieu de R. **lasiocaulon**, lire R. **lasiothyrsus**.

P. 45, lig. 25, au lieu de R. **flavescens**, lire R. **flavescentispinus**.

P. 63, lig. 28, au lieu de R. **aspreticolus**, lire R. **vepreticolus**.

TABLEAU SYNOPTIQUE DES RUBUS DE L'ARIÈGE

I. — Suberecti P. J. Mul.

R. **PLICATUS** W. N.
R. **NITIDUS** W. N.

    R. **integribasis** P.-J. Muell.

    R. **lætevirens.**

II. — Sylvatici P. J. Mul.

a. *Euvirescentes.*

R. **QUESTIERI** Lef. et M.

    R. **adjectus.**

    R. **elongatispinus.**

✕ R. DECLINATUS (elong. ✕ ulm.)

R. **SYLVATICUS** W. N.

    R. **opertus.**

✕ R. AULUSENSIS (opert. ✕ clathr.)

R. **MACROPHYLLUS** W. N.

    R. **fuxeensis.**
    R. **refulgens.**

b. *Discoloroides.*

R. **LONGICUSPIDATUS** Boul et L.

✕ R. RHOMBIFOLIATUS (long. ✕ Lloyd.)

R. **VILLICAULIS** Kœhl.

    R. **lasiothyrsus.**

✕ R. VESTICAULIS (lasiot. ✕ timen.)

    R. **flavescentispinus.**

    R. **consobrinus.**

c. *Grati.*

R. **VULGARIS** W. N.

    R. **clathrophilus.**

✕ R. DEDUCTIVUS (clath. ✕ villic.)

    R. **tenuatus.**

III. — Discolorés P. J. Mul.

R. **ULMIFOLIUS** Schott.

    R. **rusticanus.**
    R. **subdolus.**
    R. **rusticus.**
    R. **striatus.**
    R. **garbetinus.**

✕ R. GALISSIERI (ulm. ✕ quest.)
✕ R. ADULTERATUS (ulm. ✕ elongat.)
✕ R. CONSORANENSIS (ulm. ✕ Wint.)
✕ R. AURIGERANUS (ulm. ✕ elliptic.)
✕ R. NOTHUS (ulm. ✕ Lloyd.)
✕ R. GIRAUDIASI (ulm. ✕ pallid.)
✕ R. ORBATUS (ulm. ✕ ...?)

R. **WINTERI** P. J. Muell.

✕ R. PSEUDO-WINTERI (Wint. ✕ rust.)
✕ R. LANGUIDUS (Wint. ✕ pusillus.)

R. **HEDYCARPUS** Fock.

    R. **ellipticifolius.**

✕ R. MARCAILHOANUS (ellipt. ✕ ulm.)
✕ R. DIFFICILIS (ellipt. ✕ elong.)

    R. **emollitus.**

✕ R. INCOMPERTUS (emol. ✕ thyrs.?)

R. **THYRSOIDEUS** Wimm.

    R. **sepivagus.**
    R. **lacertosus.**

✕ R. AXENSIS (lacert. ✕ ellipt.)

R. **TOMENTOSUS** Bork.

    R. **Lloydianus** Gen.

✕ R. ROSEIPETALUS (Lloyd. ✕ ulm.)
✕ R. PULVERULENTUS (ulm. ✕ tom.)

IV. — Appendiculati. Gen.

a. *Vestiti.*

R. **HYPOLEUCUS** Lef et M.

    R. **continens.**

✕ R. INOPS (cont. ✕ ulmif).

    R. **callichrous.**

    R. **vepreticolus.**

    R. **hebecaulis.**

R. **PODOPHYLLUS** P. J. Muel.

    R. **gratifolius.**

    R. **hirsutiflorens.**

R. **SUBALPINUS** Sud.

    R. **scitus.**

    R. **pullus.**

b. *Radulæ.*

R. **RADULA** Wh.

    R. **pauciglandulosus.**
    R. **imitatus.**

× R. INGRATUS (R. imit. × purp.?)
  R. **pallidiformis.**
× R. THERMARUM (pallid. × ulm.)
× R. ILLICITUS (pallid. × luteist ?)
× R. ARGUTIPETALUS (pallid × Guenth.)
× R. HORRENDUS (pallid. × hirtus.)
  R. **leptocercus.**
× R. INFRUCTUOSUS (lept. × ulm.)
R. **TIMENDUS.**
× R. ALETINUS (tim. × lasiot.)
× R. DERIVATUS (tim. × pallid.)
× R. INEXPLICABILIS (tim. × quest.?)
R. **OCCITANICUS.**
× R. INCONDITUS (occit. × ulm.)
× R. INCOPIOSUS (....? × ....)

c. *Rudes.*

R. **scitulus.**
R. **scaberrimus.**
× R. LAXUS (scaberr. × scitus.)
R. **superbus.**
R. **luteistylus.**
× R PSEUDO-TIMENDUS (lut. × tim.)
R. **surdifolius.**
× R. SCITULIFORMIS (surd. × scitul.)
× R. **prætextus.**
R. **GLAUCELLUS** Sudre.
R. **chlorocalyx.**
R. **separatus.**

d. *Hystrices.*

R. **KOEHLERI** W. N.
R. **Lapeyrousianus.**
R. **ROSACEUS** W. N.

e *Glandulosi.*

R. **furvus.**
R. **PURPURATUS.**
× R. FOUILLETINUS (purp. × ....?)
× R. INFUSCUS (purp. × villic.)
R. **brumalis.**
R. **venustulus.**
R. **SCHLEICHERI** W. ?
R. **conterminus.**
R. **RIVULARIS** M. et W.
R. **spinosulus.**
R. **SERPENS** Wh.
R. **galbinifolius.**
R. **HIRTUS** W. K.
× R. FLEXIBILIS (hirt. × opertus).
× R. FŒDUS (hirt. × pallidif.)
× R. IMPERFECTUS (hir. × rosac.)
× SUBTILISSIMUS (hirt. × liger).
R. **perambigens.**
× R. PSEUDO-LEJEUNEI (peramb. × elmibr.)
R. **Guentheri** W. K.

V. — TRIVIALES P. J. Muel.

R. **MARTRINI.**
× R. SPURIUS (Mart. × ulmif.)
× R. MONTICULORUM (Mart. × liger.)
R. **CÆSIUS** L.
R. **ligerinus** Gen.
R. **rivalis** Gen.
R. **pusillus** Rip.
× R. BELLIDIPETALUS (cæs. × furvus.)
× R. OLEOVIRENS (liger. × lasiot.)
× ASSURGENS B. et B. (liger. × ulmif.)
× R. IMPOTENS (liger. × purpur.)

Extrait du *Bulletin de l'Association Française de Botanique*, tome III (1900).

Imprimerie de l'Institut de Bibliographie (Ancienne Maison Monnoyer). — 1-1900.

EXCURSIONS BATOLOGIQUES

DANS LES PYRÉNÉES

PAR

M. H. SUDRE

CONCLUSIONS

Cinq années de minutieuses recherches dans les Pyrénées françaises m'ont permis de visiter une trentaine de vallées de cette belle chaine de montagnes et de mettre au jour la plupart des richesses de la flore batologique de cette région qui, jusqu'à ces dernières années, était à peu près inconnue. Comme mes investigations ont porté sur une étendue d'environ 300 kilomètres de long et d'une largeur très variable, mais qui mesure souvent plus de 10 kilomètres, on comprendra que je n'aie point la prétention d'avoir tout découvert. Il est toutefois permis de croire que les formes les plus répandues, celles sur lesquelles doit surtout se porter l'attention du botaniste, n'ont pu échapper à mes recherches et que nous connaissons aujourd'hui les faits les plus saillants de la batologie des Pyrénées.

D'une façon générale, les *Rubus* sont très abondants dans la région centrale (*Ariège, Hautes-Pyrénées, Haute-Garonne*), tandis qu'ils manquent presque totalement dans les *Pyrénées-Orientales*. La plupart des espèces végètent bien jusqu'à l'altitude de 1000 mètres; mais dans les régions plus élevées on ne rencontre guère que quelques formes glanduleuses appartenant aux groupes des *R. hirtus* W. K. et *R. serpens* Wh. Le total des *espèces, sous-espèces, microgènes* (1) ou *hybrides* rencontrés jusqu'à ce jour dépasse 300 ; sur ce nombre, 200 environ sont généralement bien fertiles, souvent très répandus, et ne paraissent pas hybrides ; les autres, le plus souvent réduits à quelques buissons et presque toujours stériles, sont manifestement des produits de croisement.

Les botanistes qui n'ont jamais pris la peine d'essayer de débrouiller les Ronces qui végètent dans une région tant soit peu riche à ce point de vue, admettront difficilement qu'il soit possible de distinguer un aussi grand nombre de formes sur une étendue de terrain relativement faible. Si toutefois l'on veut bien remarquer que le genre *Rubus,* dans la *Flore de France* de MM. Rouy et Camus, ne comprend pas moins de 400 formes ou variétés, et que M. l'abbé Boulay, le savant auteur de cet important travail, s'est borné à l'exposé des faits les mieux acquis et a passé sous silence, *faute de place,* un grand nombre de *Rubus* qui ne manquent pourtant pas d'intérêt, on reconnaîtra que ce total de 300 formes distinctes n'est certainement pas exagéré. Comme ces Ronces sont de valeur très inégale, je crois utile de présenter à ce sujet quelques considérations générales.

FORMES PURES. — En tenant compte à la fois de la perfection du pollen et de l'aire de dispersion de ces plantes, comme l'a indiqué M. Focke, on arrive aisément à distinguer un certain nombre d'espèces principales ; ce sont, pour les Pyrénées : *R. ulmifolius* Schott., *tomentosus* Borck., *serpens* Wh. et *cæsius* L., dont le pollen est presque toujours parfait, et *R. plicatus* W. N., *nitidus* W. N., *sulcatus* W. N., *Questieri* Lef. et M., *thyrsoideus* Wimm., *hirtus* W. K., dont le pollen est en partie

---

(1) Le mot *forme,* que j'ai employé jusqu'ici à la suite de MM. Rouy et Foucaud pour désigner les espèces supposées de 2e ordre, est encore employé par un très grand nombre de botanistes pour désigner de légères modifications de l'espèce ou même de la variété et peut, par suite, donner lieu à de fausses interprétations. Je le remplace ici par celui de *microgène* dont j'ai déjà fait usage dans mes « *Hieracium du Centre de la France* » pour mentionner les petites espèces. Le mot *micromorphe* ne saurait s'appliquer à ces espèces de 3e ordre et ne convient qu'à de simples variations du type spécifique.

atrophié, mais qui sont répandus dans toute l'Europe centrale et paraissent bien constituer des espèces de premier ordre. Un grand nombre d'espèces communes en Allemagne et dans le N.-E. de la France semblent manquer dans les Pyrénées, en particulier les *R. macrophyllus* W. N., *villicaulis* Kœhl., *Sprengelii* Wh., *gratus* Fock, *silvaticus* W. N., *vestitus* W. N., *adscitus* Gen., *Radula* Wh., *rudis* W. N., *obscurus* Kalt., *Menkei* W. N., *Kœhleri* W. N., etc... A vrai dire, on y rencontre bien des formes qui possèdent quelques-uns des caractères généraux de ces diverses espèces, mais elles s'en éloignent beaucoup trop pour qu'on puisse les y rattacher à titre de simples variétés. Quelques-unes de ces formes ne diffèrent toutefois des types généralement admis que par des caractères de faible importance et peuvent leur être subordonnées sans trop d'hésitation, tels sont, par exemple, les *R. imitatus* et *pallidiformis* à l'égard du *R. -Radula* Wh ; beaucoup d'autres sont nettement intermédiaires entre deux espèces principales et ne sauraient être rattachées sûrement plutôt à l'une qu'à l'autre de ces deux espèces ; c'est ainsi que les *R. excultus, ardens* et *balneariensis*, flottent entre les *R. Lejeunei* W. N. et *rosaceus* W. N. Enfin, un certain nombre d'autres paraissent trop différer des types spécifiques habituels pour pouvoir leur être subordonnées d'une façon quelconque ; comme elles se rencontrent sur toute la chaîne et même en Languedoc, je suis porté à les considérer comme des espèces proprement dites ; tels sont : le *brachythyrsus* qui oscille entre les *R. villicaulis* Kœhl. et *gratus* Focke ; le *R. occitanicus*, très commun en Languedoc, et le *R. glaucellus*, qui tient à la fois des *R. serpens* Wh. et *scaber* W. N. tout en étant bien distinct de ces deux espèces.

Un fait digne de remarque dans la batologie des Pyrénées, c'est l'existence d'un grand nombre de formes locales, le plus souvent spéciales à une seule vallée ; tels sont : les *R. sparsus* et *parcepilosus*, qui ne se trouvent guère qu'aux environs de Cauterets où ils sont communs ; les *R. schistophilus, aurensis* et *difficilis*, très abondants dans toute la vallée d'Aure et très rares ou nuls ailleurs ; le *R. Timbal-Lagravii*, propre à la vallée de Luchon où on le rencontre à chaque pas ; les *R. Winteri* et *opertus* à celle du Garbet ; le *R. subsimilis* à celle d'Ys ; le *pallidiformis* aux environs d'Ax-les-Thermes, etc... J'ai cherché sur place à en expliquer la production par croisement et n'ai pu y parvenir ; il me paraît impossible d'admettre l'origine hybride de ces nombreuses formes, du reste très fertiles et représentées par plusieurs centaines de buissons parfaitement identiques entre eux.

D'autres formes sont moins importantes que les précédentes car elles paraissent peu répandues et sont parfois réduites à quelques buissons. Leur fertilité, la pureté souvent très grande de leur pollen, l'impossibilité d'en expliquer l'origine sur place ne me permettent pas d'y voir des produits de croisement. Fallait-il les passer sous silence sous prétexte qu'elles étaient généralement rares ? Je ne le pense pas ; il est probable que de nouvelles recherches les feront découvrir ailleurs. Je n'ai trouvé qu'un seul buisson de *R. clathrophilus* Gen. dans les Hautes-Pyrénées ; si mes recherches avaient été limitées à ce département, j'aurais eu bien tort de ne pas en tenir compte car la plante abonde ailleurs et paraît être une espèce de premier ordre. Je pourrais citer aussi l'exemple du *R. Schlechtendalii* W. N., plante très peu connue en France et dont il n'existe, à ma connaissance, qu'un seul buisson dans tout le département du Tarn, pays particulièrement riche en *Rubus*.

On se demandera peut-être pourquoi lorsqu'un *Rubus* paraît se rattacher à une espèce principale, je le considère le plus souvent comme une espèce de 3ᵉ ordre ou une sous-espèce au lieu de l'y subordonner comme simple variété ? Il me suffira de faire remarquer que, dans la plupart des cas, les types de ces espèces principales manquent non seulement dans les Pyrénées, mais dans tout le midi de la France. Comment admettre que les formes pyrénéennes proviennent de types du nord de la France ou de l'Allemagne, alors surtout que les intermédiaires entre ces types et les ronces méridionales nous sont totalement inconnus ? Sans doute, à mesure que les découvertes se multiplient, des formes de transition de plus en plus nombreuses s'échelonnent entre deux espèces qui paraissaient d'abord bien tranchées ; si l'on tient compte de ce fait que de vastes régions, peut-être fort riches en *Rubus*, n'ont jamais été sérieusement explorées au point de vue batologique, il est permis de supposer que beaucoup de formes intermédiaires restent à découvrir. Le jour où l'on aura réuni un très grand nombre de spécimens de régions très diverses, quand on pourra connaître et interpréter sûrement les nombreuses espèces créées par P.-J. Müller et par G. Genevier, alors seulement on sera en état de saisir les relations qui existent entre les *Rubus* actuellement connus et assigner à chaque forme sa place exacte dans la classification. Dans l'état actuel de nos connaissances, nous ne pouvons faire, dans beaucoup de cas, que des rapprochements arbitraires et par conséquent provisoires.

Formes hybrides. — L'existence de Ronces hybrides, qui avait été méconnue par Müller et considérée comme un fait extrêmement rare par Genevier, est aujourd'hui indiscutable; les plantes de ce genre se croisent même avec une très grande facilité. Les produits adultérins se reconnaissent aisément à leur stérilité souvent très complète, à leur pollen très imparfait et à leurs caractères morphologiques intermédiaires entre ceux des formes qui leur ont donné naissance. J'ai rencontré dans les Pyrénées près de 120 Ronces hybrides et en ai récolté ailleurs un bien plus grand nombre; leur étude m'a permis de formuler les conclusions suivantes :

a. — Les hybrides n'occupent que rarement de grands espaces de terrain ; très souvent ils sont réduits à un seul individu. L'existence d'un certain nombre de buissons d'une même forme occupant parfois des haies entières ou couvrant tout un coin de bois, s'explique aisément par ce fait, depuis longtemps constaté, que les turions s'enracinent à l'automne par leur extrémité supérieure et propagent ainsi assez rapidement la plante autour de son point d'origine.

b. — Il y a lieu de grouper en deux séries les formes hybrides issues du croisement de deux espèces, d'après le rôle respectif des deux parents ; généralement l'hybride est le plus rapproché de la mère que du père et l'influence de la plante porte-pollen paraît se manifester surtout dans la coloration de la fleur.

c. — Dans le genre *Rubus* des croisements peuvent se pro-

duire entre deux formes quelconques; l'hybride est presque
toujours stérile même lorsque le croisement a lieu entre deux
espèces d'une même section et très voisines l'une de l'autre ; ce
fait nous montre qu'il existe, dans ce genre, un nombre relativement grand d'espèces de premier ordre.

d. — Chez tous les hybrides le pollen est toujours plus imparfait que chez les parents; très fréquemment il est formé de
grains presque tous atrophiés ou possède parfois une faible pro-
portion de grains bien constitués qui assurent l'autofécondation
de la plante et lui permettent de fructifier partiellement. Cette
imperfection constante du pollen chez les Ronces hybrides
paraît d'une grande importance : on ne saurait admettre qu'une
forme à pollen relativement parfait puisse provenir du croisement de deux formes à pollen en grande partie atrophié. C'est
pourtant le cas de beaucoup de prétendus hybrides dont le
pollen est mieux constitué que celui des parents présumés ;
j'estime qu'il y aura lieu de donner à ces formes une nouvelle
interprétation.

e. — Le cas du R. ımplicatus [(*macrostemon* ✕ *thyrsanthus*)
+ *ulmifolins*] nous montre qu'un hybride même partiellement
fécond (R. semifecundus = *mac.* ✕ *thyrs.*) donne un produit
ternaire tout à fait stérile (R. ımplicatus) malgré l'intervention
d'une espèce à pollen parfait, le *R. ulmifolins* Schott. Cet
exemple — et je pourrais en citer bien d'autres — nous prouve
que l'origine des formes fertiles et à pollen en grande partie
bien constitué ne saurait s'expliquer par des croisements répétés
et de plus en plus compliqués, sauf bien entendu dans le cas où
l'hybride serait soumis à l'action fécondante de l'un de
ses parents.

**Afin que les botanistes puissent retirer quelque fruit
de ce travail, je le termine par une « analyse » des formes
pures ou supposées telles qui s'y trouvent décrites.**

ANALYSE

DES

RUBUS DES PYRÉNÉES

(Subg. EUBATUS Focke)

1ª — Aiguillons égaux ou presque égaux, la plupart disposés sur les arêtes du turion. Plantes peu ou point glanduleuses.................... *Homalacanthi* Dum. **2**

1ᵇ — Aiguillons presque toujours très inégaux, les petits dégénérant en glandes pédicellées. *Heteracanthi* Dum. **16**

I. — *Homalacanthi* Dum.

2ª — Turion dressé, glabre ; feuilles vertes en dessous ; pétiole souvent canaliculé ; inflorescence peu ou point ramifiée ; calice à lobes verts, bordés de blanc ; floraison précoce............. Sect. **SUBERECTI** P.-J. Muel. **3**

2ᵇ — Turion arqué-procombant ; feuilles vertes ou grises en dessous ; pétiole plan ; infl. en grappe composée ; sépales grisâtres-tomenteux. Sect. **SILVATICI** P.-J. Muel. **5**

2ᶜ — Turion arqué-procombant ; feuilles presque toujours blanches-tomenteuses en dessous ; inflorescence en grappe composée ; sépales blancs-tomenteux, réfléchis........... Sect. **DISCOLORES** P.-J. Muel. **12**

Sect. I. — **SUBERECTI** P.-J. Muel.

3ª — Calice étalé ; étamines plus courtes que les styles.
R. plicatus W. N.

3ᵇ — Calice réfléchi ; étamines plus longues que les styles. **4**

4ᵃ — Turion à faces planes ; foliole caulinaire terminale aiguë ou peu acuminée............... **R. nitidus** W. N.

Foliole caulinaire terminale large ; pétales
rosés ; calice inerme......... .... R. INTEGRIBASIS P.-J. Muel.

4ᵇ — Turion à faces plus ou moins excavées ; foliole caulinaire terminale très acuminée .... **R. sulcatus** Vest.

SECT. II. — SILVATICI P.-J. Muel.

5ᵃ Calice réfléchi ; feuilles caulinaires vertes en dessous.

(EUVIRESCENTES Gen.) **6**

5ᵇ — Calice réfléchi ; feuilles caulinaires grisâtres-tomenteuses en dessous.... .... (DISCOLOROIDES Gen.) **9**

5ᶜ — Calice étalé ou apprimé............. (GRATI Sud.) **10**

a. — EUVIRESCENTES Gen.

6ᵃ — Turion glabre ; feuilles glabrescentes en dessous.

R. Questieri L. et M.

⊙ Pétales et styles roses.
     Inflorescence étroite, feuillée ; foliole caul.
       terminale ovale, très acuminée......... R. QUESTIERI L. et M.
     Inflorescence courte, non feuillée ; foliole
       caul. terminale orbiculaire............. R. ADJECTUS Sud.
⊙⊙ Pétales blancs ; styles verts ; inflorescence
     courte............... .... R. PYRENAICUS Sud.

6ᵇ — Turion plus ou moins poilu....................,........ **7**

7ᵃ — Inflorescence grande, à aiguillons longs, forts et nombreux ; pétales, étamines et styles d'un rose vif.

R. elongatispinus Sud.

7ᵇ — Inflorescence à aiguillons grêles ; fleurs blanches ou rosées ; styles verts.....................:................ **8**

8ᵃ — Ronces très robustes, à feuilles grandes, à inflorescence lâche................... **R. macrophyllus** W. N.

⊙ Feuilles vertes en dessous, très peu poilues.
     Turion arrondi, très poilu...:............... R. FUXEENSIS Sud.
     Turion anguleux, glabrescent............. .... R. CALVIFOLIUS Sud.
⊙⊙ Feuilles très poilues en dessous, les supérieures grises-tomenteuses................ R. REFULGENS Sud.

8ᵇ — Ronces faibles ; feuilles médiocres ; inflorescence petite, dense, très hérissée............... **R. opertus** Sud.

b — DISCOLOROIDES Gen.

9ᵃ — Turion glabre, canaliculé, non glauque (voir *R. thyrsoideus* **15**).

9ᵇ — Turion glabre, glaucescent, à faces convexes; folioles larges ; ronces robustes.

Feuilles presque vertes en dessous ; denticulation fine ; inflorescence dense.................... R. SUBRAMOSUS Sud.

Feuilles discolores; denticulation grossière; inflorescence lâche............................. R. OSSALENSIS Sud.

9ᶜ — Turion poilu............... **R. villicaulis** Kœhl.

⊙ Inflorescence courte, large; feuilles mollement pubescentes en dessous.

✕ *Turion anguleux, à faces planes ou concaves*

— Turion très poilu, glaucescent; pétales blancs.

Robuste et discolore; aiguillons forts... **R.** lasiothyrsus Sud.

Grêle et subvirescente; aiguillons faibles var. *flavescentispinus* Sud.

= Turion peu poilu, non glauque.

Dents larges, peu profondes; plante peu fertile......................... ... R. AURENSIS Sud.

Denticulation vive; plante très fertile... **R. consobrinus** Sud.

✕✕ *Turion subarrondi*

Pétales blancs ; inflorescence glanduleuse... R. VALDEPROXIMUS Sud.

Pétales roses; inflorescence non glanduleuse R. COMPLANATISPINUS Sud.

⊙⊙ Inflorescence étroite; feuilles peu poilues en dessous, à folioles très acuminées... R. LONGICUSPIDATUS B. et L.

c. — GRATI Sud.

10ᵃ — Inflorescence presque inerme, à pédoncules ascendants ; foliole terminale obovale. **R. clathrophilus** Gen.

10ᵇ — Inflorescence à aiguillons forts.................... **11**

11ᵃ — Turion à faces planes ; étamines blanches dépassant les styles verts.......... .. **R. brachythyrsus** Sud.

Grêle ; folioles larges, glabrescentes, finement dentées ; inflorescence à glandes nombreuses.................................... R. FRUTECTORUM Sud.

11ᵇ — Turion à faces convexes.

Turion poilu; étamines ne dépassant pas les styles; feuilles caulinaires 3-5-nées....... **R. Sprengelii** Wh.

Virescente; étamines roses égalant les styles roses........ .... R. VALLICULARUM Sud.

Discolore; étamines blanches plus courtes que les styles........................ R. SALTUIVAGUS Sud.

Turion glabre; étamines dépassant les styles rouges................................... R. TENUATUS Sud.

Sect. III. — **DISCOLORES** P.-J. Muell.

12ª — Turion glauque-pruineux ; feuilles d'un vert foncé et glabres en dessus, blanches et à tomentum ras en dessous; pollen parfait.... **R. ulmifolius** Schott.

Je n'ai mentionné jusqu'ici qu'un petit nombre de formes de ce groupe. En ayant étudié récemment de nombreux spécimens provenant des récoltes de Müller et de Timbal-Lagrave dans la vallée de la Pique (Pyrénées centrales) et conservés dans l'herbier de P -J. Müller, qui est en ce moment entre mes mains, j'ai repris l'étude d'un certain nombre de *Rubus* que j'avais rattachés sans plus de précision au *R. ulmifolius* Schott.

La plupart des formes analysées ci-après proviennent des environs de Luchon, mais comme beaucoup d'entre elles sont communes dans toute la France, on les trouvera vraisemblablement ailleurs dans les Pyrénées.

Avec Genevier et M. l'abbé N. Boulay, j'avais jusqu'ici appliqué le nom de *R. rusticanus* Merc. à la forme habituelle de ce groupe, caractérisée par sa foliole caulinaire terminale obovée, entière, cuspidée, ses fleurs roses, etc... Or j'ai vu dans l'herbier Müller que Mercier appelait de ce nom non-seulement les formes les plus diverses de ce groupe spécifique, mais encore le *R. bifrons* Vest. et quelques hybrides de *R. ulmifolius* et de *tomentosus* ; le nom de *R. rusticanus* Merc. est donc (*saltem ex parte*) un simple synonyme de *R. ulmifolius* Schott et ne saurait convenir pour désigner une forme particulière de ce groupe. J'appelle *R. vulgatus* la sous-espèce définie par Genevier et, d'une façon beaucoup plus large, par M. l'abbé Boulay (*Rubi Discol. p.* 505).

⊙ AXE DE L'INFLORESCENCE SIMPLEMENT TOMENTEUX, PEU OU POINT POILU-HÉRISSÉ.

A — *Foliole caulinaire terminale très largement ovale ou suborbiculaire.*

    a — Profondément échancrée à la base et insensiblement acuminée, jamais arrondie ou tronquée-cuspidée; fleurs roses.

= Fol. caul. term. largement ovale,
à pétiolule égalant environ le
1/3 de sa hauteur, inflorescence
à aiguillons médiocres........ **R. peduncularis** Timb.-Lag.
— Fol. caul. suborbiculaire, à pé-
tiolule égalant la 1/2 de sa
hauteur; inflorescence à ai-
guillons ordinairement forts... R. melanocaulon Sud.
b — Nettement échancrée à la base, arrondie et subtronquée au
sommet, cuspidée, fleurs roses... **R. subtruncatus** Sud.
Jeunes carpelles poilus; inflorescence à aiguillons nombreux, courbés............. v. *glaphyrus* (Rip.)
Jeunes carpelles poilus; inflorescence à aiguillons rares........................ v. *Weiheanus* (Rip).
Jeunes carpelles glabres; folioles larges...... v. *calcareus* (Rip).
c — Entière à la base, rarement un peu émarginée, cuspidée................................ **R. dilatatifolius** Sud.

— Dents des feuilles médiocres.

Styles verts; rameaux à aiguillons falqués,
assez robustes........................ v. *genuinus.*
Styles verts; rameaux à aiguillons grêles;
inflorescence inerme.................. v. *avellanus* (M. et T.).
Styles verts; rameaux à aiguillons vivement
crochus............................ v. *recurvus.*
Styles rouges; dents grosses.............. v. *aggericolus.*

— Dents des feuilles très fines.

Styles roses; feuilles petites; carpelles
velus .... R. parviserratus Sud.
Styles verts; feuilles assez grandes; carpelles glabrescents..................
— Denticulation régulière; inflorescence dense............. R. serriculatus Rip.
— Denticulation un peu irrégu-
lière; inflor. lâche, à pédoncules étalés, à aiguillons forts;
axe un peu poilu.......... R. tetragonophyllus M.T.

*B — Foliole caulinaire terminale ovale ou plus souvent ovale-
elliptique ou même oblongue-lancéolée, toujours acuminée
ou atténuée-aiguë au sommet.*

a — Foliole caul. terminale relativement large, ovale ou ovale-
elliptique, fréquemment émarginée.
— Pétales blancs; foliole caul. terminale ovale,
émarginée........................... R. rusticus Sud.
— Pétales roses; foliole caul., terminale ovale-
elliptique

Longuement pétiolulée, à base large, échan-
crée ; denticulation grossière........... R. DISPALATUS Sud.
Feuilles velues en dessous ; axe de l'inflorescence épais ; styles et étamines
roses............................... v. *belonacanthus* (Mül.).
Courtement petiolulée, à base arrondie, émar-
ginée ; dents médiocres ; styles roses..... R. INSIGNITUS M. T.
Feuillage d'un vert gai ; fleurs pâles.... R. STRIATUS B. et T.
Turion très velu ; axes poilus... ...... R. SUBDOLUS Sud.

b — Foliole caulinaire terminale étroite, oblongue ou oblongue-
lancéolée, acuminée, ordinairement entière, pétales et styles
roses ; dents médiocres......... R. CONTRACTIFOLIUS Sud.

— Feuille amples, assez finement dentées.
Fol. caul. terminale arrondie ou subtronquée à la base.   v. *genuinus*.
Fol. caul. terminale rétrécie
à la base, sublancéolée.. v. *disjunctifolius* (Boul. et Let. *ex parte*).

— Feuilles petites, étroites, grossièrement dentées.
Fol. caul. terminale tronquée-subémarginée
à la base.. .. .. v. *Bouveti* (Gen.).
Fol caul. terminale rétrécie à la base,
subrhombée.............. .... v. *sublenis* (Boul. et T.).

C — *Foliole caulinaire terminale rarement ovale, plus généralement obovale, ordinairement entière à la base, plus ou
moins acuminée, jamais tronquée-cuspidée au sommet ; denticulation irrégulière.*

a — Foliole caul. terminale relativement courte, longuement pétio
lulée ; dents irrégulières ; fleurs roses. **R. anisodon** Sud.

= Feuilles d'un vert foncé, relativement larges, étamines et styles
ordinairement roses.
Inflorescence aculéolée à aiguillons épars.   v. *genuinus*.
Inflorescence aculéolée à aiguillons forts
et très abondants................... v. *enoplostachys* (M. et T.).
Inflorescence à peu près inerme ; styles
rouges ; carpelles glabrescents.... v. *Bastardianus* (Gen. p. p.).
= Feuilles d'un vert pâle en dessus, moins larges ; étamines et styles
pâles.
Aiguillons médiocres................. v. *pallescens* (Rip.).
Aiguillons vigoureux, falqués ; inflores-
cence lâche, un peu poilue, à pédi-
celles étalés........ .... v. *drepanacanthus* (Mül.).

b — Foliole caulinaire terminale étroitement obovée, à pétiolule
égalant au plus le 1/3 de sa hauteur, fleurs roses.
R. ANGUSTIFACTUS Sud.
= Inflorescence subinerme.
Denticulation assez grossière ; jeunes car-
pelles poilus ; styles souvent roses...... v. *confusus* (Rip.).

Denticulation fine ou médiocre; jeunes carp.
    glabrescents; styles verts.............. v. *controversus* (Rip.).
= Inflorescence à aiguillons nombreux.
    Etamines blanches; styles verts; aiguillons
      médiocres............................ v. *geminatus* (M. T.)
    Etamines blanches; styles roses; aiguillons
      forts et nombreux sur l'inflorescence.... v. *polyanchos.*

c — Pétales d'un blanc pur............. R. ALBIDIFLORUS Sud.

D — *Foliole caulinaire terminale nettement obovale, tronquée ou
arrondie-cuspidée au sommet, ordinairement entière à la
base.*

a — Foliole caulinaire terminale courtement obovée, à pétiolule
    égalant environ la 1/2 de sa hauteur. **R. vulgatus** Sud.

= *Très brièvement apiculée.*

— Styles roses; denticulation assez grossière;
    aiguillons falqués sur le rameau......... v. *genuinus.*
Styles roses; denticul. plus fine; folioles larges v. *apiculifer* (M. et T.).
Styles roses; aiguillons nettement crochus sur
    le rameau.......... .... v. *tenacellus* (Gen.).
Styles roses; denticulation très fine.......... v. *parvidens.*
— Styles verts; rameau grêle, flexueux....... v. *expallescens* (M. T.).
    —   ; rameau vigoureux, droit......' v. *anchostachys* (Rip.).

= *Assez longuement apiculée.*

Denticulation très vive; feuilles souvent cunéi-
    formes; styles pâles................ v. *mucronifolius* (M. T.).
    Styles roses; inflorescence très étroite,
      très dense........................ v. *congestus* (Boul. et M.).
Dents obtuses; foliole terminale longuement
    pétiolulée.......................... .... v. *apiculatifolius.*
b — Foliole caulinaire terminale étroitement obovée, souvent
    courtement pétiolulée; dents fines; fleurs roses; jeunes
    carpelles glabrescents; inflorescence subinerme.
                R. CUNEATUS B. et B.
Inflorescence à aiguillons nombreux, courbés.. v. *ischnoacanthus.*
Folioles allongées, suboblongues, lon-
    guement pétiolulées, étamines et
    styles pâles.................... v. *constrictifolius* (B. et T.).

⊙⊙ — AXE DE L'INFLORESCENCE FLOCONNEUX ET ASSEZ FORTEMENT
    POILU-HÉRISSÉ; FEUILLES ASSEZ FRÉQUEMMENT PUBESCENTES
    EN DESSOUS.

A — Fleurs blanches........ R. GARBETINUS Sud.
B — Fleurs roses........... **R. heteromorphus** Rip. (*sensu amplo*).

       = *Foliole caul. terminale ovale ou obovale.*

a — Turion très velu :

— Foliole caulin. terminale cuspidée, à pétiolule
    égalant la 1/2 de sa hauteur.................... v. *genuinus.*
Foliole caulin. terminale cuspidée, à pétiolule éga-
    lant le 1/3 ou le 1/4 de sa hauteur............ v. *irregularidens.*
— Foliole caul. term. acuminée.
    Très large; denticulation fine; acumen fin et
      long..................................... v. *arguticuspis.*
    Etroitement ovale, dents très obtuses, peu
      saillantes................................ v. *Lemaitrei*(Rip.).
    Etroitement ovale, dents aiguës; infl. aculéolée. v.*villosispinus.*

b — Turion glabrescent, ± pubérulent :

Foliole caul. term. échancrée; denticulation grossière   v. *acridens.*
         —   entière; denticulation fine....... v. *minutiserratus.*

       = *Foliole caul. terminale très largement ovale-suborbiculaire*

Turion peu velu; fleurs roses................ R. PERACUTISPINUS Sud.

12ᵇ — Feuilles à quelques poils épars en dessus, pubescentes
     tomenteuses en dessous ; inflorescence hérissée ; pollen
     souvent imparfait........................... **13**

13ᵃ — Turion glauque ; ronces robustes ; folioles larges ; fleurs
     roses. **R. Godroni** Lecoq et Lmt. (*sensu amplo*).

Stipules étroites; denticulation vive; turion très anguleux :
    Etamines blanches; styles verdâtres...... **R. Winteri** P.-J. Muel.
    Etamines et styles roses................ R. WINTERIFORMIS Sud.
Stipules et bractées larges; dents peu aiguës;
    turion subarrondi...................... **R. amplistipulis** Sud.

13ᵇ — Turion non glauque............................. **14**

14ᵃ — Ronces robustes ; turion souvent poilu ; feuilles cauli-
     naires 5-nées, à folioles inférieures pétiolulées. Inflo-
     rescence à pédoncules étalés et à aiguillons forts ; étam.
     longues et nombreuses.. **R. hedycarpus** Focke.

        ⊙ Turion pubescent ou poilu.

    ✕ *Turion pubescent, à faces planes; fleurs d'un rose vif;*
         aiguillons longs et forts.

Inflorescence dense, feuillée; pétales suborbi-
    culaires; pollen presque parfait........ R. CALLIACANTHUS Sud.
Inflor. lâche, nue; pétales ovales; pollen très
    imparfait.............................. **R. difficilis** Sud.

     ✕✕ *Turion poilu, à faces planes; pétales rosés;*
        étamines blanches; styles verts.

Feuilles très poilues en dessus; foliole
    terminale orbiculaire............... MEGACLADUS Sud.

Feuilles peu ou point poilues en dessus ;
foliole terminale ovale, acuminée.... R. VALLIUM Sud.

✕✕✕ *Turion poilu, canaliculé; pétales blancs ou rosés;
pollen très imparfait.*

Inflorescence lâche, peu aiguillonnée; fo-
liole terminale elliptique........... . **R. ellipticifolius** Sud·
Inflorescence à aiguillons forts; foliole
terminale suborbiculaire........... **R. emollitus** Sud.

⊙⊙ Turion glabre ou à poils rarés ; pétales blancs ou rosés.
Robuste ; inflorescence dense ; pétales large-
ment ovales; étamines longues........... **R. macrostemon** Fk.
Moins robuste ; inflorescence lâche ; pétales
obovés ; étamines dépassant peu les styles. R. HEBETATUS Sud.

14ᵇ — Ronces ordinairement peu robustes ; turion presque tou·
jours glabre et canaliculé ; feuilles caulinaires 3-5-nées,
à folioles inférieures subsessiles dans les 5-nées. Inflorescence à pédoncules peu étalés et à aiguillons faibles;
fleurs ordinairement blanches..... .... **15**

15ᵃ — Turion glabre et vivement canaliculé ; feuilles caul.
5-nées, glabrescentes en dessus, grisâtres en dessous;
inflorescence à pédoncules plus ou moins ascendants;
plantes assez robustes, non glanduleuses, à aiguillons
toujours égaux........ **R. thyrsoideus** Wimm.

⊙ Ronce robuste, nettement discolore ; inflo-
rescence ramifiée ; pétales larges..... **R. lacertosus** Sud.
⊙⊙ Ne possédant pas ces caractères réunis.
— Rameau velu; pédicelles aculéolés.... R. HISPIDULUS Gen.
— Rameau glabrescent; pédicelles très peu aculéolés; ronces
subvirescentes.
Pétales ovales ; feuilles non plissées.. **R. thyrsanthus** Fk.
Pétales orbiculaires; feuilles ondulées-
plissées......................... R. CYCLOPETALUS Fk.

15ᵇ — Ne possédant pas ces caractères réunis ; ronces plus ou
moins faibles, à feuilles souvent flasques, très blanches
en dessous ; noyau des drupéoles oblong.

R. tomentosus Borck.

⊙ *Aiguillons caulinaires égaux ; glandes nulles;
pollen imparfa.t.*

Turion très poilu......................... R. SUBVILLOSUS Sud.
Turion glabre ou à poils rares.

✕ Feuilles glabrescentes en dessus.
Denticulation fine; inflorescence aculéolée;
foliole caul. term. ordinairement entière. **R. collicolus** Sud.

Denticulation grossière; inflorescence sub-
   inerme, fol. caul. term. émarginée...... R. MALACUS Sud.
   XX Feuilles grises-tomenteuses
      en dessus.......... R. GUILHOTI Sud. *Rub. herb.* Bor. p. 40.
⊙⊙ *Aiguillons caulinaires inégaux; plantes ordinairement glanduleuses*
                 et à pollen parfait.
— Feuilles glabrescentes en dessus......... **R. Lloydianus** Gen.
— Feuilles grises-tomenteuses en dessus.
   Turion glabre ou à poils rares; glandes
      peu abondantes................... **R. tomentosus** Borck.
   Turion fortement poilu-hérissé; plante
      très glanduleuse................ R. VALESPIRENSIS Sud.

B. — *Heteracanthi* Dum.

16ᵃ — Turion presque toujours glanduleux; stipules ordinaire-
      ment étroites; inflorescence en grappe; drupéoles
      nombreux...... SECT. **APPENDICULATI** Gen. **17**

16ᵇ — Turion souvent glabre et glauque, peu ou point glandu-
      leux; stipules larges; folioles terminales suborbicu-
      laires; inflorescence corymbiforme; drupéoles gros,
      peu nombreux... SECT. **TRIVIALES** P.-J. Muel. **39**

SECT. IV. — **APPENDICULATI** Gen.

17ᵃ — Turion le plus souvent anguleux, peu ou point aciculé;
      inflorescence plus ou moins glanduleuse, mais à glandes
      relativement courtes, égalant à peine le diamètre de
      l'axe. Feuilles souvent 5-nées................... **18**

17ᵇ — Turion souvent arrondi et presque toujours aciculé.
      Inflorescence très glanduleuse-aciculée, à glandes
      longues et inégales, la plupart dépassant le diamètre
      de l'axe de l'inflorescence, rarement courtes (*R. tereti-*
      caulis)...................................... **19**

18ᵃ — Turion presque toujours lisse entre les aiguillons, qui
      sont ordinairement peu inégaux, presque toujours
      poilu, peu glanduleux. Inflorescence ordinairement poi-
      lue-hérissée et peu glanduleuse. **VESTITI** Focke. **20**

18ᵇ — Turion souvent poilu, à aiguillons très inégaux, les pe-
      tits tuberculeux, le rendant scabre; inflorescence forte-
      ment poilue-hérissée, à glandes dépassées par la villosité
      de l'axe................ .... **RADULÆ** Focke. **21**

18ᶜ — Turion à aiguillons très inégaux, plus ou moins scabre, ordinairement glabre ; inflorescence souvent très glandul., mais très brièvement poilue, à glandes presque toujours en saillie sur la villosité de l'axe. **RUDES** Sud. **28**

19ᵃ — Turion anguleux, à aiguillons forts, très nombreux et très inégaux ; feuilles souvent 5-nées ; calice rarement apprimé................. **HYSTRICES** Focke. **30**

19ᵇ — Turion presque toujours arrondi, à aiguillons souvent grêles ; feuilles ordinairement 3-nées ; calice le plus souvent relevé sur le fruit. **GLANDULOSI** P.-J. Muel. **31**

a. — **VESTITI** Focke.

20ᵃ — Calice fructifère réfléchi ; turion anguleux, à glandes rares. (*R. hypoleucus* L. M. *non* Vest.) **R. adscitus** Gen.

⊙ Denticulation grossière ; inégale.

✕ *Feuilles raméales la plupart blanches-tomenteuses en dessous.*
Turion très poilu ; plante non glanduleuse ;
    pétales blancs...·........................ **R. pilifer** Sud.
Turion peu poilu ; plante glanduleuse ; pétales
    roses............. .... R. CALLICHROUS Sud.
✕ *Feuilles raméales presque toutes vertes en dessous ; fleurs roses.*
— Axe de l'inflorescence brièvement poilu.
    Fleurs pâles ; folioles larges, très acuminées.. R. CONTINENS Sud.
    Fleurs rouges ; folioles ovales-aiguës........ R. VEPRETICOLUS Sud.
— Axe de l'inflorescence poilu-hérissé.
    Feuilles caulinaires 5-nées ; étamines dépassant les styles verts................... **R. ferrariarum** Rip.
    Feuilles caulinaires 3-nées ; étamines égalant à peine les styles rouges......... R. SPARSUS Sud.
    ⊙⊙ Denticulation fine, simple, superficielle ; turion subarrondi ; ronces virescentes.
Turion glauque, un peu rude ; feuilles caulinaires
    5-nées..................................... R. FRIGIDULUS Sud.
Turion non glauque, à peu près lisse ; feuilles
    caulinaires 3-nées..................... R. PARCEPILOSUS Sud.

20ᵇ — Calice fructifère étalé ou imparfaitement réfléchi ; turion obtusément anguleux ou subarrondi, peu glanduleux........................ **R. hebecaulis** Sud.

— Feuilles caulinaires la plupart 3-nées, ordinairement vertes en dessous .... R. HEBECAULIS.
    Étamines égalant à peine les styles rouges R. TENUIPILUS Sud.
— Feuilles caulinaires la plupart 5-nées ; inflorescence non hérissée ; ronce subdiscolore.. R. GRANITOPHILUS Sud.

20[c] — Calice nettement relevé sur le fruit ; turion ordinairement subarrondi, à aiguillons faibles ; feuilles ordinairement vertes en dessous............. **R. subalpinus** Sud.

   ⊙ Axe de l'inflorescence fortement poilu-hérissé.

  ✕ *Aiguillons caulinaires peu inégaux ; feuilles de la tige 5-nées ; turion à glandes rares.*

— Turion à faces planes ; folioles larges ; étamines plus courtes que les styles.......... R. HIRSUTIFLORENS Sud.
— Turion subarrondi ; folioles étroites ; étamines dépassant les styles. Pétales roses ; styles rouges ; foliole caulinaire terminale échancrée............................... R. SCITUS Sud.
  Pétales blancs ; styles verts ; foliole caulinaire terminale entière................................. R. PULLUS Sud.

 ✕✕ *Aiguillons caulinaires très inégaux ; feuilles de la tige 3-5-nées.*

— Virescente ; foliole caulinaire terminale obovale. Etamines dépassant les styles ; pétales blancs R. SUBALPINUS Sud. Etamines égalant les styles : pétales roses.... R. INTERSITUS Sud.
— Discolore ; foliole caulinaire terminale ovale. Etamines plus courtes que les styles ; pétales roses .... R. HETEROCHROUS Sud.
  ⊙⊙ Axe de l'inflorescence pubescent ou très brièvement poilu.

  ✕ *Turion anguleux, à faces planes ; étamines plus courtes que les styles.................... R. GRATIFOLIUS Sud.*

 ✕✕ *Turion subarrondi ; étamines dépassant les stylès ; denticulation fine ; feuilles caul. 3-nées.*

Foliole caulinaire terminale obovale, ordinairement entière ; dents superficielles..... **R. saxetanus** Sud. Foliole caulinaire terminale ovale, échancrée ; dents aiguës............................. R. RUPIGENUS Sud.

b. — RADULÆ Focke.

21[a] — Inflorescence munie d'aiguillons forts, vulnérants ; feuilles caulinaires 5-nées........................... **22**

21[b] — Inflorescence munie d'aiguillons grêles, la plupart inoffensifs................................ **26**

22[a] — Turion glabre, à glandes rares ; calice réfléchi...... **23**
22[b] — Turion ± poilu.............................. **24**

23[a] — Fleurs blanches ou rosées ; aiguillons des pétioles géniculés ou crochus ; feuilles la plupart discolores.

R. timendus Sud.

23[b] — Fleurs d'un beau rose ; aiguillons des pétioles déclinés
ou falqués ; feuilles la plupart vertes en dessous.

— Turion anguleux, à faces planes ou excavées ;
foliole caulinaire terminale ovale, très
acuminée ; denticulation grosse............ **R. occitanicus** Sud.

— Turion à faces convexes ; foliole
caulinaire terminale suborbicu
laire ; denticulation fine......... **R. Timbal-Lagravii** P.-J. Muel.

24[a] — Turion peu poilu ; pétales blancs ; calice ordinairement
réfléchi..................... **R. Radula** Wh.

— Calice nettement réfléchi.
Inflorescence à glandes très rares ; feuilles vertes
en dessous ; carpelles glabres............... R. IMITATUS Sud.
Inflorescence très glanduleuse ; feuilles
ordinairement discolores ; carpelles
glabres .... **R. pallidiformis** Sud.
— Calice imparfaitement réfléchi ; disco-
lore............................. **R. pauciglandulosus** Sud.

24[b] — Ne possédant pas ces caractères réunis........... **25**

25[a] — Calice fructifère réfléchi ; inflorescence à aiguillons médiocres..................... **R. fuscus** W. N.

⊙ Plantes robustes ; feuilles caulinaires 5-nées, les supérieures discolores.
Turion très poilu, à faces convexes ; inflores-
cence lâche, carpelles glabres .... R. FUSCOIDES Sud.
Turion peu poilu, à faces planes ; inflores-
cence dense ; carpelles poilus........ **R. schistophilus** Sud.
⊙⊙ Plantes moins robustes ; feuilles caulinaires en partie 3-nées, la
plupart vertes en dessous.
Turion à faces planes, non glauque ; feuilles
vertes et peu poilues en dessous......... R. DUBIUS Sud.
Turion à faces convexes, glauque ; folioles
étroites, très poilues et grises en dessous. R. ABRUPTORUM Sud.

25[b] — Calice fructifère lâchement relevé ; aiguillons de l'inflorescence forts ; fleurs roses........ **R. insuetus** Sud.

⊙ Foliole caulinaire terminale entière à la base.
Foliole caul. terminale obovale, cuspidée ou
brusquement acuminée ; discolore....... R. INSUETUS.
Foliole caul. terminale ovale, insensiblement
acuminée ; virescente.................... R. LEPTOCERCUS Sud.
⊙⊙ Foliole caulinaire terminale émarginée, largement ovale ; styles
ordinairement rouges.
Turion très glauque, à faces concaves ; feuilles
caulinaires 5-nées..................... R. SUBSIMILIS Sud.
Turion non glauque, à faces convexes ; feuilles
caulinaires 3-nées (R. *perelegans*, p. 92
non Hol.)...................... R. SUBELEGANS Sud.

26ᵃ — Foliole caulinaire terminale profondément émarginée, grossièrement dentée...................... **27**

26ᵇ — Foliole caulinaire terminale entière ou à peine émarginée, finement dentée; inflorescence allongée, feuillée, peu poilue.............. ...... **R. foliosus** W. N.

> Feuilles caul. 5-nées, très blanches en dessous; fleurs roses..................... R. ɢʀᴀɴɪᴛᴏɢᴇɴᴇs Sud.

27ᵃ — Feuilles nettement discolores ; calice réfléchi.

R. subalbicans Sud.

27ᵇ — Feuilles vertes en dessous ; calice étalé.

R. pallidus W. N.

> Inflorescence dense; styles jaunes; carpelles poilus................................ R. ᴄʜʟᴏʀᴏᴄᴀᴜʟᴏɴ Sud.

c. — RUDES Sud.

28ᵃ — Turion non glauque, ordinairement anguleux ; feuilles caulinaires la plupart 5-nées..... **R. rudis** W. N.

> ☉ Calice nettement réfléchi; étamines dépassant les styles; plantes peu glanduleuses.
>
> ✕ *Turion anguleux; feuilles caulinaires 5-nées, vertes en dessous.*
> Axe de l'inflorescence pubescent ; denticulation fine. **R. omalus** Sud.
> Axe de l'inflorescence poilu; denticulation grossière. R. ʀᴜᴘɪᴄᴏʟᴜs Sud.
> ✕ *Turion arrondi ; feuilles caulinaires 3-nées, les supérieures discolores.........................* R. ᴇᴄɪᴛᴜʟᴜs Sud.
>
> ☉☉ Calice imparfaitement réfléchi; étamines égalant les styles; glandes abondantes; pétales blancs.
>
> ✕ *Foliole caulinaire terminale orbiculaire; ronces robustes.*
> Inflorescence simple, poilue, à glandes courtes; feuilles supérieures vertes en dessous.......... R. ᴀʟᴘɪɴᴜs Sud.
> Inflorescence très multiflore, à glandes longues; feuilles supérieures discolores................. R. ꜰᴀᴜᴄɪᴜᴍ Sud.
> ✕✕ *Foliole caulinaire terminale étroitement ovale; ronces grêles.....................* R. ʀɪɢɪᴅᴜʟɪꜰᴏʀᴍɪs Sud.
> ☉☉☉ Calice relevé sur le fruit; étamines plus courtes que les styles.
> Feuilles vertes et glabrescentes en dessous..... R. ʙʟᴀɴᴅᴜs Sud.
> Feuilles la plupart discolores, poilues en dessous. **R. superbus** Sud.

28ᵇ — Turion plus ou moins glauque, ordinairement arrondi ; feuilles caulinaires le plus souvent 3-nées, vertes en dessous........ .... **29**

29ᵃ — Turion à glaucescence souvent peu apparente, à aiguillons comprimés à la base ; sépales ordinairement étalés ; denticulation médiocre........ **R. scaber** W. N.

⊙ Etamines égalant ou dépassant les styles.

✕ *Fleurs d'un beau rose; calice apprimé*....... R. SEPARATUS Sud.

✕✕ *Fleurs blanches ou rarement rosées.*

= Aiguillons caulinaires courbés; foliole caul. terminale largement ovale
étamines dépassant les styles.
— Denticulation irrégulière; calice réfléchi; feuilles
pubescentes en dessous...................... R. ABSTRUSUS Sud.
— Denticulation simple, régulière; calice imparfaitement réfléchi; feuilles glabrescentes en dessous;
styles rouges............................... R. SCABIDUS Sud.
— Denticulation simple, régulière; calice étalé;
feuilles pubescentes en dessous, styles verts. R. LAXATIFLORUS Sud.
= Aiguillons caulinaires droits ou peu courbés; foliole caul. terminale
moins large; étamines égalant les styles.
— Foliole caulinaire terminale ovale ou rhom-
boïdale.................................... **R. scaberrimus** Sud.
— Foliole caulinaire terminale obovale-cunéi-
forme...................................... R. DISPECTUS Sud.
— Foliole caulinaire terminale étroitement
oblongue, poilue en dessous................ R. CORIACEIFOLIUS Sud.
⊙⊙ Etamines plus courtes que les styles.

✕ *Aiguillons caulinaires droits ou déclinés, souvent forts.*

= Turion anguleux; feuilles caulinaires souvent 5-nées; inflorescence
peu glanduleuse.
Calice étalé; turion glabre et glaucescent... **R. luteistylus** Sud.
Calice apprimé; turion un peu poilu, non
glauque............................... .. R. GRATIFOLIUS Sud.
= Turion arrondi; inflorescence à glandes abondantes.
— Calice étalé; inflorescence grande, à aiguillons forts R. ALNICOLUS Sud.
— Calice apprimé; inflorescence presque inerme.
Inflorescence dressée; sépales verts, étroits,
très appendiculés...................... R. PRÆTEXTUS Sud.
Inflorescence arquée; sépales grisâtres, briève-
ment appendiculés...................... R. ACCESSIVUS Sud.
✕✕ *Aiguillons caulinaires très courbés; styles roses.*

Calice étalé; inflorence très feuillée..... .... R. SURDIFOLIUS Sud.
Calice apprimé; inflorescence nue.............. R. SCAPIOSUS Sud.

29ᵇ — Turion très glauque, à aiguillons grêles, peu comprimés
à la base; sépales nettement relevés sur le fruit; denticulation très fine, simple, superficielle.

R. glaucellus Sud.

⊙ *Etamines égalant ou dépassant les styles.*

— Fleurs blanches ou faiblement rosées; étamines longues.
Inflorescence courte, à pédoncules étalés; sépales verts, bordés de blanc.............. R. GLAUCELLUS Sud.

Inflorescence allongée ; sépales jaunâtres, non
  bordés................................... R. CHLOROCALYX Sud.
— Fleurs d'un rose vif ; étamines égalant les
  styles................................... R. AMŒNIFLORENS Sud.

⊙⊙ *Étamines plus courtes que les styles.*

— Pétales roses ; feuilles caulinaires 5-nées......... R. FINITIMUS Sud.
— Pétales blancs ; feuilles caulinaires 3-nées.
  Dents fines ; foliole caulinaire terminale insen-
    siblement acuminée..................... R. SUBPRASINUS Sud.
  Dents larges ; foliole caul. terminale aiguë
    ou cuspidée........................... R. CONTIGUUS Sud.

d. — HYSTRICES Focke.

30[a] — Fleurs d'un beau rose vif..... **R. rosaceus** W. N.

⊙ Feuilles discolores, les caulinaires 5-nées ; foliole terminale obovale ;
  calice étalé.
  Turion glabre ; inflorescence très lâche et très
    feuillée ; carpelles poilus.................. R. ARDENS Sud.
  Turion poilu ; inflorescence dense ; carpelles
    glabres................................. R. EXPOLITUS Sud.
⊙⊙ Feuilles vertes en dessous ; foliole terminale ordinairement ovale.

× *Calice fructifère réfléchi ou étalé.*

— Calice réfléchi ; denticulation grossière ; inflorescence nue, à glandes courtes ; styles rouges...... R. EXCULTUS Sud.
— Calice réfléchi ; denticulation fine ; inflorescence
  feuillée, à aiguillons très rapprochés, à glandes
  très longues ; styles roses.................... R. METUENDUS Sud.
— Calice étalé ; denticulation fine ; inflorescence
  nue, à glandes longues ; styles verts....... R. BALNEARIENSIS Sud.

×× *Calice relevé sur le fruit.*

— Aiguillons caulinaires à base dilatée, inflorescence à aiguillons forts
  et nombreux.
  Étamines dépassant les styles................ R. LITHOPHILUS Sud.
  Étamines plus courtes que les styles......... R. ABIETINUS Sud.
— Aiguillons caulinaires grêles ; étamines égalant
  les styles................................. R. ATRICOLOR Sud.

30[b] — Fleurs blanches, rarement rosées ; calice étalé.

R. Kœhleri W. N.

⊙ *Discolore ; feuilles caulinaires 5-nées.*

Inflorescence longue, lâche ; aiguillons vigoureux ; feuilles non poilues en des-
  sous................................... **R. Lapeyrousianus** Sud.
Inflorescence courte et dense ; aiguillons médiocres ;
  feuilles très poilues en dessous............... R. SPISSIFOLIUS Sud.

⊙⊙ *Virescente*.

— Axe de l'inflorescence fortement poilu-hérissé ;
   foliole caulinaire terminale ovale........... R. VALIDISPINUS Sud.
— Axe de l'inflorescence très peu poilu ; foliole caulinaire terminale
   obovale.
      Inflorescence très feuillée ; folioles courtes et
         larges, finement dentées ; pétales roses... R. CATARACTARUM Sud.
      Inflorescence peu feuillée ; folioles étroites ;
         pétales blancs........................... R. CHLOROTICUS Sud.

e. — GLANDULOSI P.-J. Muel.

31ᵃ — Pétales roses................................... 32
31ᵇ — Pétales blancs 33
32ᵃ — Aiguillons caulinaires forts, comprimés à la base, vulné-
      rants.
      ⊙ Étamines dépassant les styles ; fleurs d'un
         rose vif................................... **R. furvus** Sud.

         ⊙⊙ Etamines au plus égales aux styles.
   '— Inflorescence poilue-hérissée ; aiguillons la plu-
      part courbés................................. R. VENUSTULUS Sud.
   — Inflorescence non poilue.
      Turion non glauque ; foliole terminale entière
         ou peu émarginée......................... R. NOTABILIS Sud.
      Turion glauque ; foliole terminale en cœur
         à la base.................................. **R. rosellus** Sud.

32ᵇ — Aiguillons caulinaires faibles, à base peu ou point
      comprimée.
         ⊙ Etamines dépassant les styles.
   Axe de l'inflorescence tomenteux, non poilu-
      hérissé ; fleurs d'un rose vif............ **R. purpuratus** Sud.
   Axe de l'inflorescence poilu-hérissé ; fleurs plus
      pâles...................................... R. CLIVICOLUS Sud.
         ⊙⊙ Etamines plus courtes que les styles.
   Inflorescence à aiguillons nombreux ; étamines
      roses .... R. BRUMALIS Sud.
   Inflorescence presque inerme ; étamines blanches R. INNOXIUS Sud.

33ᵃ — Aiguillons caulinaires pâles, jaunâtres, forts, comprimés
      à la base, vulnérants, souvent courbés.
                        R. Schleicheri Wh.
         ⊙ Étamines dépassant les styles.
         ✕ *Axe de l'inflorescence poilu-hérissé.*
   — Calice subréfléchi ; denticulation grossière ;
      foliole caul. terminale étroite.............. R. FISSURARUM Sud.

— Calice apprimé; foliole caulinaire terminale suborbiculaire.
Turion glabre; dents médiocres; inflorescence
dense.................................... R. TORRENTIUM Sud.
Turion poilu; dents très fines; inflorescence
très lâche............................... R. STATUS Sud.

$\times\times$ *Axe de l'inflorescence peu ou point poilu.*

Calice réfléchi; dents composées, inégales, grosses. R. FLAVIRAMUS Sud.
Calice étalé; dents simples, égales, fines......... R. GLABELLUS Sud.
$\odot\odot$ Etamines plus courtes que les styles; calice subapprimé.

$\times$ *Foliole caulinaire terminale obovale, glabre ou à poils rares en dessous.*

— Turion poilu; dents larges; inflorescence longue
et lâche................................... R. ORTHOPUS Sud.
— Turion glabre; dents médiocres.
Feuilles caul. 5-nées; foliole terminale en-
tière; inflorescence à aiguillons forts... R. SEMITICOLUS Sud.
Feuilles caul. 3-nées; foliole terminale émarginée; inflorescence à aiguillons grêles . R. ASPERNATUS Sud.

$\times\times$ *Foliole caul. terminale ovale, échancrée.*

— Denticulation très grossière; feuilles glabrescentes en dessous; aiguillons forts........... R. INÆQUABILIS Sud.
— Denticulation fine; feuilles poilues en dessous;
aiguillons médiocres................... .... R. CONTERMINUS Sud.

33^b — Aiguillons caulinaires coniques, grêles, la plupart inoffensifs, peu ou point courbés..................... **34**

34^a — Foliole caulinaire terminale largement elliptique, brusquement acuminée ; feuilles 3-nées, finement et simple-
ment dentées ; étamines longues ; calice aciculé ;
inflorescence courte, à pédoncules supérieurs étalés.
R. Bellardi Wh. R. ABIETICOLUS Sud.

34^b — Ne possédant pas ces caractères réunis............ **35**

35^a — Glandes, acicules et feuillage d'un vert pâle, jaunâtre. **36**

35^b — Glandes et acicules d'un pourpre obscur ; feuillage d'un
vert sombre.................................... **38**

36^a — Glandes de l'inflorescence courtes, égalant au plus le diamètre de l'axe ; acicules nuls ou rares et faibles sur les
pédicelles.......... **R. tereticaulis** P.-J. Muel.

$\odot$ *Etamines dépassant les styles.*

$\times$ Inflorescence allongée, libre au-dessus des feuilles; foliole caulinaire
terminale ovale; carpelles poilus.
— Calice étalé; feuilles poilues en dessous.
dents médiocres; axe pubescent........ R. CURTIGLANDULOSUS Sud.

— Calice apprimé; feuilles glabrescentes en dessous.
  Axe pubescent; dents fines................... R. ARGUTIPILUS Sud.
  Axe poilu-hérissé; dents très fines.......... PALLIDIPES Sud.
  ✕✕ Inflorescence courte, dépassant peu ou point les feuilles;
  foliole caulinaire terminale suborbiculaire; carpelles glabres.
                                        R. FRAGILIPES Sud.

      ⊙⊙ *Etamines plus courtes que les styles.*

  Axe très poilu-hérissé; plante d'un vert foncé. R. GRACILIFLORENS Sud.
  Axe pubescent; plante d'un vert jaunâtre...... R. VEPALLIDUS Sud.

36ᵇ — Glandes de l'inflorescence dépassant en longueur le dia-
       mètre de l'axe.... .. .. **37**

37ᵃ — Aiguillons et acicules allongés, abondants sur le turion,
       le rameau et l'inflorescence; pédicelles et sépales forte-
       ment et longuement aciculés-glanduleux.
                            R. rivularis M. et W.

      ⊙ *Etamines égalant ou dépassant les styles.*

  Turion poilu; calice subréfléchi; inflorescence
    poilue................................... R. ACANTHOPHORUS Sud.
  Turion glabrescent; calice apprimé; inflores-
    cence peu poilue....................... R. SPINOSULUS Sud.

      ⊙⊙ *Etamines plus courtes que les styles.*

  Turion glabrescent; axe de l'inflor. très poilu-
    hérissé; styles rouges.................... R. MUNDIFLORUS Sud.
  Turion poilu; axe peu poilu; styles verts; dents
    peu prononcées.. .... R. VALDESPINOSUS Sud.

37ᵇ — Aiguillons et acicules espacés, peu apparents sur les
       pédicelles et sur le calice....... **R. serpens** Wh.

      ⊙ *Etamines dépassant les styles.*

  ✕ Inflorescence allongée; foliole caulinaire
    terminale orbiculaire, aiguë.......... **R. pullatifolius** Sud.
  ✕✕ Inflorescence ordinairement courte; foliole caul. terminale ovale,
    acuminée.

    — *Axe de l'inflorescence poilu-hérissé; denticulation fine.*

  Turion non glauque; pédoncules étalés;
    pollen à peu près pur.............. **R. puripulvis** Sud.
  Turion glauque; pédoncules étalés-ascen-
    dants; pollen moins pur............. R. GRATIFLORENS Sud.

  — *Axe de l'inflorescence peu ou point poilu; denticulation moins fine;
      turion glauque et très poilu; styles roses.*

  Foliole caul. terminale profondément
    cordée; inflorescence pauciflore.... R. HETEROPHYLLOIDES Sud.

Foliole caul. terminale entière ou peu émar-
ginée ; inflor. très multiflore............ R. CALLIGYNUS Sud.

⊙⊙ *Etamines plus courtes que les styles*

✕ *Axe de l'inflorescence fortement poilu-hérissé.*

= Inflorescence allongée, très saillante au-dessus des feuilles.
Feuilles très poilues-hérissées en dessous....... R. CRINITUS Sud.
Feuilles peu poilues en dessous ; dents su-
perficielles............. .... R. GALBINIFRONS Sud.
= Inflorescence courte, non saillante au-dessus des feuilles.
Dents des feuilles caul. presque réduites
au mucron: pédoncules étalés....... R. DENSIGLANDULOSUS Sud.
Dents des feuilles caul. grosses: pédon-
cules courts, ascendants........... R. CURTISTAMINEUS Sud.

✕✕ *Axe de l'inflorescence glabrescent ou peu poilu.*

= Turion très poilu, glaucescent.

Inflorescence courte, très lâche; foliole caul. terminale étroitement ovale.................. R. FLAVIFLORENS Sud.
Inflorescence allongée, à pédoncules étalés; foliole caul. terminale large................ R. GALBINIFOLIUS Sud.

= Turion peu poilu, peu ou point glauque.

— Feuilles très peu poilues en dessous; inflorescence presque simple ;
foliole terminale acuminée.
Dents fines, superficielles; styles roses ;
carpelles glabres.................... R. LONGIGLANDULOSUS Sud.
Dents grosses ; styles verts ; carpelles
poilus......... .... R. ERECTIFLORENS Sud.
– Feuilles poilues en dessous; inflorescence composée; foliole caul. terminale brusquement
acuminée............................ ...... R. BAYERI Focke.

38 — ....,............. .. **R. hirtus** W. K.

⊙ Etamines plus longues que les styles; dents fines.

✕ *Axe de l'inflorescence fortement poilu-hérissé.*

Calice réfléchi; foliole caulinaire terminale
obovale....................... .... R. RECONDITIFORMIS Sud.
Calice apprimé; foliole caul. terminale ovale
ou rhomboïdale...................... R. JACTABUNDUS Sud.

✕✕ *Axe de l'inflorescence peu ou point poilu.*

Aiguillons caulinaires courbés: foliole caulinaire terminale entière.................. R. PERAMBIGENS Sud.
Aiguillons caulinaires droits; foliole cauli-
naire terminale émarginée............. . R. TENUIDENTATUS Sud.

⊙⊙ Etamines plus courtes que les styles.

✕ *Axe de l'inflorescence fortement poilu-hérissé; folioles
larges* .... R. LAMYI Gen.

✕✕ *Axe de l'inflorescence peu ou point poilu.*

= Foliole caul. terminale obovée ; turion très
  poilu ; inflorescence arquée, nue............. R. peguericus Sud.
= Foliole caul. terminale ovale ; turion très poilu.

  — Styles rouges ; jeunes carpelles glabres.

Pétales suborbiculaires ; inflorescence très feuillée,
  interrompue, étroite...................... R. interruptus Sud.
Pétales étroitement ovales ; inflorescence peu
  feuillée............................. .... R. Guentheri W. N.

     — Styles verts.

Jeunes carpelles glabres ; inflorescence feuillée.. R. humilisP.-J. M.
Jeunes carpelles poilus ; inflorescence nue,
  très ramifiée.................... ...... R. humiliformis Sud.

Sect. V. — **TRIVIALES** P.-J. Muel.

39[a] — Calice réfléchi ; aiguillons caulinaires presque égaux,
comprimés ; feuilles caulinaires 5-nées, la plupart
grises-tomenteuses en dessous ; glandes nulles.
                                       R. Martrini Sud.

39[b] — Calice apprimé................................. **40**

40[a] — Fruit non glauque ; feuilles caulinaires la plupart 5-nées ;
foliole caul. terminale ovale... **R. densispinus** Sud.

40[b] — Fruit glauque ; feuilles caulinaires 3-nées ; foliole caul.
terminale suborbicul. ; pollen parfait. **R. cæsius** L.

  ⊙ Pétales et styles roses (R. *pusillus* Sud.
    p. 90 *non* Rip.)..................... **R. pusilliformis** Sud.
  ⊙ Pétales blancs.

Inflorescence peu ou point glanduleuse ; sépales larges,
  non glanduleux ; pétales orbiculaires.............. **R. cæsius** L.
Inflor. peu glanduleuse ; sépales larges, un peu glanduleux ; pétales obovés........................ R. rivalis Gen.
Inflorescence très glanduleuse ; sépales étroits, très
  glanduleux ; pétales étroitement ovales........ R. ligerinus Gen.

TABLEAU SYNOPTIQUE

DES

RONCES HYBRIDES

DES PYRÉNÉES

TABLE ALPHABÉTIQUE

DES

Espèces, **sous-espèces**, microgènes, HYBRIDES et *synonymes*

(1903)

18 novembre 26

INSTITUT DE BIBLIOGRAPHIE

IMPRIMERIE : LE MANS (Sarthe).